工程质量安全手册实施细则系列丛书

建设工程安全生产现场控制实施细则与安全管理资料

中国工程建设标准化协会建筑施工专业委员会

北京土木建筑学会　组织编写

北京万方建知教育科技有限公司

吴松勤　高新京　主编

中国建筑工业出版社

图书在版编目（CIP）数据

建设工程安全生产现场控制实施细则与安全管理资料/吴松勤，高新京主编．—北京：中国建筑工业出版社，2019.2（2022.7重印）

（工程质量安全手册实施细则系列丛书）

ISBN 978-7-112-23210-9

Ⅰ．①建…　Ⅱ．①吴…②高…　Ⅲ．①建筑工程-施工现场-安全管理-细则-中国②建筑工程-施工现场-安全管理-资料-中国　Ⅳ．①TU714

中国版本图书馆 CIP 数据核字（2019）第 015839 号

　　本书内容共 14 章，包括基坑工程安全生产现场控制；脚手架工程安全生产现场控制；起重机械安全生产现场控制；模板支撑体系安全生产现场控制；临时用电安全生产现场控制；安全防护安全生产现场控制；幕墙、钢结构和装配式结构安全生产现场控制；危险性较大的分部分项工程资料表格范例；基坑工程资料表格范例；脚手架工程资料表格范例；起重机械资料表格范例；模板支撑体系资料表格范例；临时用电资料表格范例；安全防护资料表格范例。

　　本书适合于建设单位、监理单位、施工单位及质量安全监督机构的技术人员和管理人员学习参考。

　　责任编辑：张　磊　范业庶

　　责任校对：党　蕾

工程质量安全手册实施细则系列丛书

建设工程安全生产现场控制实施细则与安全管理资料

中国工程建设标准化协会建筑施工专业委员会

北京土木建筑学会　组织编写

北京万方建知教育科技有限公司

吴松勤　高新京　主编

*

中国建筑工业出版社出版、发行（北京海淀三里河路 9 号）

各地新华书店、建筑书店经销

霸州市顺浩图文科技发展有限公司制版

北京建筑工业印刷厂印刷

*

开本：787×1092 毫米　1/16　印张：13¾　字数：343 千字

2019 年 3 月第一版　　2022 年 7 月第二次印刷

定价：**39.00** 元

ISBN 978-7-112-23210-9

（33291）

本书编写委员会

组织编写：中国工程建设标准化协会建筑施工专业委员会

北京土木建筑学会

北京万方建知教育科技有限公司

主　　编：吴松勤　高新京

副 主 编：杨玉江　刘兴宇

参编人员：刘文君　吴　洁　王海松　赵　键　范　飞

温丽丹　刘　朋　杜　健　江龙亮　周海军

出 版 说 明

　　为深入开展工程质量安全提升行动，保证工程质量安全，提高人民群众满意度，推动建筑业高质量发展，2018 年 9 月 21 日住房城乡建设部发出了《住房城乡建设部关于印发〈工程质量安全手册（试行）〉的通知》（建质〔2018〕95 号），文件要求："各地住房城乡建设主管部门可在工程质量安全手册的基础上，结合本地实际，细化有关要求，制定简洁明了、要求明确的实施细则。要督促工程建设各方主体认真执行工程质量安全手册，将工程质量安全要求落实到每个项目、每个员工，落实到工程建设全过程。要以执行工程质量安全手册为切入点，开展质量安全'双随机、一公开'检查，对执行情况良好的企业和项目给予评优评先等政策支持，对不执行或执行不力的企业和个人依法依规严肃查处并曝光。"

　　为宣传贯彻落实《工程质量安全手册》（以下简称《手册》），2018 年 10 月 25 日住房城乡建设部在湖北省武汉市召开工程质量监管工作座谈会，住房城乡建设部相关领导出席会议。北京、天津、上海、重庆、湖北、吉林、宁夏、江苏、福建、山东、广东等 11 个省（自治区、市）住房城乡建设主管部门有关负责同志参加座谈会。

　　会议认为，质量安全工作永远在路上，需要大家共同努力、抓实抓好。一要统一思想、提高站位，充分认识推行《手册》制度的重要性、必要性。推行《手册》制度是贯彻落实党中央、国务院决策部署的重要举措，是建筑业高质量发展的重要内容，是提升工程质量安全管理水平的有效手段。二要凝聚共识、精准施策，积极推进《手册》落到实处。要坚持项目管理与政府监管并重、企业责任与个人责任并重、治理当前问题与夯实长远基础并重，提高项目管理水平，提升政府监管能力，强化责任追究。三要牢记使命、勇于担当，以执行《手册》为着力点，改革和完善工程质量安全保障体系。按照"不立不破、先立后破"的原则，坚持问题导向，强化主体责任、完善管理体系，创新市场机制、激发市场主体活力，完善管理制度、确保建材产品质量，改革标准体系、推进科技创新驱动，建立诚信平台、推进社会监督。

　　会议强调，各地要结合本地实际制定简洁明了、要求明确的实施细则，先行先试，样板引路。要狠下功夫，抓好建设单位和总承包单位两个主体责任落实。要解决老百姓关心的住宅品质问题，切实提升建筑品质，不断增强人民群众的获得感、幸福感、安全感。要严厉查处违法违规行为，加大对人员尤其是注册执业人员的处罚力度。要大力培育现代产业工人队伍，总承包单位要培养自有技术骨干工人。要加大建筑业改革闭环管理力度，重点抓好总承包前端和现代产业工人末端，促进建筑业高质量发展。要加大危大工程管理力度，采取强有力手段，确保"方案到位、投入到位、措施到位"，有效遏制较大及以上安全事故发生。

　　为配合《工程质量安全手册》的贯彻实施，我社委托中国工程建设标准化协会建筑施工专业委员会、北京土木建筑学会、北京万方建知教育科技有限公司组织有关专家编写了这套《工程质量安全手册实施细则系列丛书》，方便工程建设单位、监理单位、施工单位及质量安全监督机构的技术人员和管理人员学习参考。丛书共分为 9 个分册，分别是：《工程质量安全管理与控制细则》、《工程实体质量控制实施细则与质量管理资料（地基基础工程、防水工程）》、《工程实体质量控制实施细则与质量管理资料（混凝土工程）》、《工程实体质量控制实施细则与质量管理资料（钢结构工程、装配式混凝土工程）》、《工程实体质量控制实施细则与质量管理资料（砌体工程、装饰装修工程）》、《工程实体质量控制实施细则与质量管理资料（建筑电气工程、智能建筑工程）》、《工程实体质量控制实施细则与质量管理资料（给水排水及采暖工程、通风与空调工程）》、《工程实体质量控制实施细则与质量管理资料（市政工程）》、《建设工程安全生产现场控制实施细则与安全管理资料》。

本丛书严格按照《工程质量安全手册》的具体规定，依据国家现行标准，从控制目标、保障措施等方面制定简洁明了、要求明确的实施细则，内容实用，指导性强，方便工程建设单位、监理单位、施工单位及质量安全监督机构的技术人员和管理人员学习参考。

目　录

上篇　安全生产现场控制

上 篇

安全生产现场控制

Chapter 01

基坑工程安全生产现场控制

1.1 基坑支护和开挖安全实施细则

📋《工程质量安全手册》第 4.1.1 条：

> 基坑支护及开挖符合规范、设计及专项施工方案的要求。

📖安全实施细则：

1.1.1 基坑支护开挖专项施工方案的编制要求

1. 安全目标

编制专项施工方案是为了更好地指导基坑支护开挖作业，确保基坑及作业人员的安全。

2. 安全保障措施

基坑工程施工安全专项方案应与基坑工程施工组织设计同步编制。基坑工程施工安全专项方案应包括下列主要内容：

（1）工程概况，包含基坑所处位置、基坑规模、基坑安全等级及现场勘查及环境调查结果、支护结构形式及相应附图。

（2）工程地质与水文地质条件，包含对基坑工程施工安全的不利因素分析。

（3）危险源分析，包含基坑工程本体安全、周边环境安全、施工设备及人员生命财产安全的危险源分析。

（4）各施工阶段与危险源控制相对应的安全技术措施，包含围护结构施工、支撑系统施工及拆除、土方开挖、降水等施工阶段危险源控制措施；各阶段施工用电、消防、防台风、防汛等安全技术措施。

（5）信息施工法实施细则，包含对施工监测成果信息的发布、分析，决策与指挥系统。

（6）安全控制技术措施、处理预案。

（7）安全管理措施，包含安全管理组织及人员教育培训等措施。

（8）对突发事件的应急响应机制，包含信息报告、先期处理、应急启动和应急终止。

注：本内容参照《建筑深基坑工程施工安全技术规范》（JGJ 311—2013）第 5.2 节的

规定。

1.1.2 支护结构选型

1. 安全目标

不同的土质，通过选用不同基坑支护形式，来达到防止发生基坑坍塌事故的目的。

2. 安全保障措施

（1）支护结构选型时，应综合考虑下列因素：

1）基坑深度；

2）土的性状及地下水条件；

3）基坑周边环境对基坑变形的承受能力及支护结构失效的后果；

4）主体地下结构和基础形式及其施工方法、基坑平面尺寸及形状；

5）支护结构施工工艺的可行性；

6）施工场地条件及施工季节；

7）经济指标、环保性能和施工工期。

（2）支护结构应按表1-1选型。

各类支护结构的适用条件 表 1-1

结构类型		使用条件		
		安全等级	基坑深度、环境条件、土类和地下水条件	
支挡式结构	锚拉式结构	一级二级三级	适用于较深的基坑	1. 排桩适用于可采用降水或截水帷幕的基坑； 2. 地下连续墙宜同时用作主体地下结构外墙，可同时用于截水； 3. 锚杆不宜用在软土层和高水位的碎石土、砂土层中； 4. 当邻近基坑有建筑物地下室、地下构筑物等，锚杆的有效锚固长度不足时，不应采用锚杆； 5. 当锚杆施工会造成基坑周边建（构）筑物的损害或违反城市地下空间规划等规定时，不应采用锚杆
	支撑式结构		适用于较深的基坑	
	悬臂式结构		适用于较浅的基坑	
	双排桩		当拉锚式、支撑式和悬臂式结构不适用时，可考虑采用双排桩	
	支护结构与主体结构结合的逆作法		适用于基坑周边环境条件很复杂的深基坑	
土钉墙	单一土钉墙	二级三级	适用于地下水位以上或降水的非软土基坑，且基坑深度不宜大于 12m	当基坑潜在滑动面内有建筑物、重要地下管线时，不宜采用土钉墙
	预应力锚杆复合土钉墙		适用于地下水位以上或降水的非软土基坑，且基坑深度不宜大于 15m	
	水泥土桩复合土钉墙		用于非软土基坑时，基坑深度不宜大于 12m；用于淤泥质土基坑时，基坑深度不宜大于 6m；不宜用在高水位的碎石土、砂土层中	
	微型桩复合土钉墙		适用于地下水位以上或降水的基坑，用于非软土基坑时，基坑深度不宜大于 12m；用于淤泥质土基坑时，基坑深度不宜大于 6m	

续表

结构类型	使用条件	
	安全等级	基坑深度、环境条件、土类和地下水条件
重力式水泥土墙	二级 三级	适用于淤泥质土、淤泥基坑，且基坑深度不宜大于7m
放坡	三级	1. 施工现场满足放坡条件； 2. 放坡与上述支护结构形式结合

注：1. 当基坑不同部位的周边环境条件、土层性状、基坑深度等不同时，可在不同部位分别采用不同的支护形式。
　　2. 支护结构可采用上、下部以不同结构类型组合的形式。

（3）采用两种或两种以上支护结构形式时，其结合处应考虑相邻支护结构的相互影响，且应有可靠的过渡连接措施。

（4）支护结构上部采用土钉墙或放坡、下部采用支挡式结构时，上部土钉墙施工应符合设计、规范及施工方案的规定，支挡式结构应考虑上部土钉墙或放坡的作用。

（5）当坑底以下为软土时，可采用水泥土搅拌桩、高压喷射注浆等方法对坑底土体进行局部或整体加固。水泥土搅拌桩、高压喷射注浆加固体可采用格栅或实体形式。

（6）基坑开挖采用放坡或支护结构上部采用放坡时，应验算边坡的滑动稳定性，边坡的圆弧滑动稳定安全系数（K_s）不应小于1.2。放坡坡面应设置防护层。

注：本内容参照《建筑基坑支护技术规程》（JGJ 120—2012）第3.3节的规定。

1.1.3 土钉墙支护

1. 安全目标
防止发生基坑坍塌事故，保证施工人员和机械设备的安全。

2. 安全保障措施
（1）土钉墙支护施工应配合土石方开挖和降水工程施工等进行，并应符合下列规定：

1）分层开挖厚度应与土钉竖向间距协调同步，逐层开挖并施工土钉，严禁超挖。

2）开挖后应及时封闭临空面，完成土钉墙支护；在易产生局部失稳的土层中，土钉上下排距较大时，宜将开挖分为二层并应控制开挖分层厚度，及时喷射混凝土底层。

3）上一层土钉墙施工完成后，应按设计要求或间隔不小于48h后开挖下一层土方。

4）施工期间坡顶应按超载值设计要求控制施工荷载。

5）严禁土方开挖设备碰撞上部已施工土钉，严禁振动源振动土钉侧壁。

6）对环境调查结果显示基坑侧壁地下管线存在渗漏或存在地表水补给的工程，应反馈修改设计，提高土钉墙设计安全度，必要时应调整支护结构方案。

（2）土钉施工应符合下列规定：

1）干作业法施工时，应先降低地下水位，严禁在地下水位以下成孔施工。

2）当成孔过程中遇有障碍物或成孔困难需调整孔位及土钉长度时，应对土钉承载力及支护结构安全度进行复核计算，根据复核计算结果调整设计。

3）对灵敏度较高的粉土、粉质黏土及可能产生液化的土体，严禁采用振动法施工土钉。

4）设有水泥土截水帷幕的土钉支护结构，土钉成孔过程中应采取措施防止土体流失。

5）土钉应采用孔底注浆施工，严禁采用孔口重力式注浆。对空隙较大的土层，应采用较小的水灰比，并应采取二次注浆方法。

6）膨胀土土钉注浆材料宜采用水泥砂浆，并应采用水泥浆二次注浆技术。

（3）喷射混凝土施工应符合下列规定：

1）作业人员应佩戴防尘口罩、防护眼镜等防护用具，并应避免直接接触液体速凝剂，接触后应立即用清水冲洗；非施工人员不得进入喷射混凝土的作业区，施工中喷嘴前严禁站人。

2）喷射混凝土施工中应检查输料管、接头的情况，当有磨损、击穿或松脱时应及时处理。

3）喷射混凝土作业中如发生输料管路堵塞或爆裂时，必须依次停止投料、送水和供风。

（4）冬期在没有可靠保温措施条件时不得进行土钉墙施工。

（5）施工过程中应对产生的地面裂缝进行观测和分析，及时反馈设计，并应采取相应措施控制裂缝的发展。

注：本内容参照《建筑深基坑工程施工安全技术规范》（JGJ 311—2013）第6.2节的规定。

1.1.4 重力式水泥土墙

1. 安全目标

防止发生基坑坍塌事故，保证施工人员和机械设备的安全。

2. 安全保障措施

（1）重力式水泥土墙应通过试验性施工，并应通过调整搅拌桩机的提升（下沉）速度、喷浆量以及喷浆、喷气压力等施工参数，减小对周边环境的影响。施工完成后应检测墙体连续性及强度。

（2）水泥土搅拌桩机运行过程中，其下部严禁站立非工作人员；桩机移动过程中非工作人员不得在其周围活动，移动路线上不应有障碍物。

（3）重力式水泥土墙施工遇有河塘、洼地时，应抽水和清淤，并应采用素土回填夯实。在暗浜区域水泥土搅拌桩应适当提高水泥掺量。

（4）钢管、钢筋或竹筋的插入应在水泥土搅拌桩成桩后及时完成，插入位置和深度应符合设计要求。

（5）施工时因故停浆，应在恢复喷浆前，将搅拌机头提升或下沉0.5m后喷浆搅拌施工。

（6）水泥土搅拌桩搭接施工的间隔时间不宜大于24h；当超过24h时，搭接施工时应放慢搅拌速度。若无法搭接或搭接不良，应作冷缝记录，在搭接处采取补救措施。

注：本内容参照《建筑深基坑工程施工安全技术规范》（JGJ 311—2013）第6.3节的规定。

1.1.5 地下连续墙

1. 安全目标

防止发生基坑坍塌事故，保证施工人员和机械设备的安全。

2. 安全保障措施

（1）地下连续墙成槽施工应符合下列规定：

1）地下连续墙成槽前应设置钢筋混凝土导墙及施工道路。导墙养护期间，重型机械设备不应在导墙附近作业或停留。

2）地下连续墙成槽前应进行槽壁稳定性验算。

3）对位于暗河区、扰动土区、浅部砂性土中的槽段或邻近建筑物保护要求较高时，宜在连续墙施工前对槽壁进行加固。

4）地下连续墙单元槽段成槽施工宜采用跳幅间隔的施工顺序。

5）在保护设施不齐全、监管人不到位的情况下，严禁人员下槽、孔内清理障碍物。

（2）地下连续墙成槽泥浆制备应符合下列规定：

1）护壁泥浆使用前应根据材料和地质条件进行试配，并进行室内性能试验，泥浆配合比宜按现场试验确定。

2）泥浆的供应及处理系统应满足泥浆使用量的要求，槽内泥浆面不应低于导墙面0.3m，同时槽内泥浆面应高于地下水位0.5m以上。

（3）槽段接头施工应符合下列规定：

1）成槽结束后应对相邻槽段的混凝土端面进行清刷，刷至底部，清除接头处的泥沙，确保单元槽段接头部位的抗渗性能。

2）槽段接头应满足混凝土浇筑压力对其强度和刚度的要求，安放时，应紧贴槽段垂直缓慢沉放至槽底。遇到阻碍时，槽段接头应在清除障碍后入槽。

3）周边环境保护要求高时，宜在地下连续墙接头处增加防水措施。

（4）地下连续墙钢筋笼吊装应符合下列规定：

1）吊装所选用的起重机应满足吊装高度及起重量的要求，主吊和副吊应根据计算确定。钢筋笼吊点布置应根据吊装工艺通过计算确定，并应进行整体起吊安全验算，按计算结果配置吊具、吊点加固钢筋、吊筋等。

2）吊装前必须对钢筋笼进行全面检查，防止有剩余的钢筋断头、焊接接头等遗留在钢筋笼上。

3）采用双机抬吊作业时，应统一指挥，动作应配合协调，载荷应分配合理。

4）起重机械起吊钢筋笼时应先稍离地面试吊，确认钢筋笼已挂牢，钢筋笼刚度、焊接强度等满足要求时，再继续起吊。

5）起重机械在吊钢筋笼行走时，载荷不得超过允许起重量的70%，钢筋笼离地不得大于500mm，并应拴好拉绳，缓慢行驶。

（5）预制墙段的堆放和运输应符合下列规定：

1）预制墙段应达到设计强度100%后方可运输及吊放。

2）堆放场地应平整、坚实、排水通畅。垫块宜放置在吊点处，底层垫块面积应满足墙段自重对地基荷载的有效扩散。预制墙段叠放层数不宜超过3层，上下层垫块应放置在同一直线上。

3）运输叠放层数不宜超过 2 层。墙段装车后应采用紧绳器与车板固定，钢丝绳与墙段阳角接触处应有护角措施。异形截面墙段运输时应有可靠的支撑措施。

（6）预制墙段的安放应符合下列规定：

1）预制墙段应验收合格，待槽段完成并验槽合格后方可安放入槽段内。

2）安放顺序为先转角槽段后直线槽段，安放闭合位置宜设置在直线槽段上。

3）相邻槽段应连续成槽，幅间接头宜采用现浇接头。

4）吊放时应在导墙上安装导向架；起吊吊点应按设计要求或经计算确定，起吊过程中所产生的内力应满足设计要求；起吊回直过程中应防止预制墙段根部拖行或着力过大。

（7）起重机械及吊装机具进场前应进行检验，施工前应进行调试，施工中应定期检验和维护。

（8）成槽机、履带吊应在平坦坚实的路面上作业、行走和停放。外露传动系统应有防护罩，转盘方向轴应设有安全警告牌。成槽机、起重机工作时，回转半径内不应有障碍物，吊臂下严禁站人。

注：本内容参照《建筑深基坑工程施工安全技术规范》（JGJ 311—2013）第 6.4 节的规定。

1.1.6 灌注桩排桩围护墙

1. 安全目标

防止发生基坑坍塌事故，保证施工人员和机械设备的安全。

2. 安全保障措施

（1）干作业挖孔桩施工可采用人工或机械洛阳铲等施工方案。当采用人工挖孔方法时应符合工程所在地关于人工挖孔桩安全规定，并应采取下列措施：

1）孔内必须设置应急软爬梯供人员上下，不得使用麻绳和尼龙绳吊挂或脚踏井壁凸缘上下；使用的电葫芦、吊笼等应安全可靠，并应配有自动卡紧保险装置；电葫芦宜采用按钮式开关，使用前必须检验其安全起吊能力。

2）每日开工前必须检测井下的有毒有害气体，并应有相应的安全防范措施；当桩孔开挖深度超过 10m 时，应有专门向井下送风的装备，风量不宜少于 25L/s。

3）孔口周边必须设置护栏，护栏高度不应小于 0.8m。

4）施工过程中孔中无作业和作业完毕后，应及时在孔口加盖盖板。

5）挖出的土石方应及时运离孔口，不得堆放在孔口周边 1m 范围内，机动车辆的通行不得对井壁的安全造成影响。

6）施工现场的一切电源、电路的安装和拆除必须符合规范和临电施组的规定。

（2）钻机施工应符合下列规定：

1）作业前应对钻机进行检查，各部件验收合格后方能使用。

2）钻头和钻杆连接螺纹应良好，钻头焊接应牢固，不得有裂纹。

3）钻机钻架基础应夯实、整平，地基承载力应满足，作业范围内地下应无管线及其他地下障碍物，作业现场与架空输电线路的安全距离应符合规定。

4）钻进中，应随时观察钻机的运转情况，当发生异响、吊索具破损、漏气、漏渣以及其他不正常情况时，应立即停机检查，排除故障后，方可继续施工。

5）当桩孔净间距过小或采用多台钻机同时施工时，相邻桩应间隔施工，当无特别措施时完成浇筑混凝土的桩与邻桩间距不应小于4倍桩径，或间隔施工时间宜大于36h。

6）泥浆护壁成孔时发生斜孔、塌孔或沿护筒周围冒浆以及地面沉陷等情况应停止钻进，采取措施处理后方可继续施工。

7）当采用空气吸泥时，其喷浆口应遮挡，并应固定管端。

（3）冲击成孔施工前以及过程中应检查钢丝绳、卡扣及转向装置，冲击施工时应控制钢丝绳放松量。

（4）当非均匀配筋的钢筋笼吊放安装时，应有方向辨别措施确保钢筋笼的安放方向与设计方向一致。

（5）混凝土浇筑完毕后，应及时在桩孔位置回填土方或加盖盖板。

（6）遇有湿陷性土层、地下水位较低、既有建筑物距离基坑较近时，不宜采用泥浆护壁的工艺施工灌注桩。当需采用泥浆护壁工艺时，应采用优质低失水量泥浆、控制孔内水位等措施减少和避免对相邻建（构）筑物产生影响。

（7）基坑土方开挖过程中，宜采用喷射混凝土等方法对灌注排桩的桩间土体进行加固，防止土体掉落对人员、机具造成损害。

注：本内容参照《建筑深基坑工程施工安全技术规范》（JGJ 311—2013）第6.5节的规定。

1.1.7 板桩围护墙

1. 安全目标

防止发生基坑坍塌事故，保证施工人员和机械设备的安全。

2. 安全保障措施

（1）钢板桩堆放场地应平整坚实，组合钢板桩堆高不宜超过3层。板桩施工作业区内应无高压线路，作业区应有明显标志或围栏。桩锤在施打过程中，监视距离不宜小于5m。

（2）桩机设备组装时，应对各紧固件进行检查，在紧固件未拧紧前不得进行配重安装。组装完毕后，应对整机进行试运转，确认各传动机构、齿轮箱、防护罩等良好，各部件连接牢靠。

（3）桩机作业应符合下列规定：

1）严禁吊桩、吊锤、回转或行走等动作同时进行。

2）当打桩机带锤行走时，应将桩锤放至最低位。打桩机在吊有桩和锤的情况下，操作人员不得离开岗位。

3）当采用振动桩锤作业时，悬挂振动桩锤的起重机，其吊钩上必须有防松脱的保护装置，振动桩锤悬挂钢架的耳环上应加装保险钢丝绳。

4）插桩过程中，应及时校正桩的垂直度。后续桩与先打桩间的钢板桩锁扣使用前应进行套锁检查。当桩入土3m以上时，严禁用打桩机行走或回转动作来纠正桩的垂直度。

5）当停机时间较长时，应将桩锤落下垫好。

6）检修时不得悬吊桩锤。

7）作业后应将打桩机停放在坚实平整的地面上，将桩锤落下垫实，并应切断动力电源。

（4）当板桩围护墙基坑有邻近建（构）筑物及地下管线时，应采用静力压桩法施工，并应根据环境状况控制压桩施工速率。当静力压桩作业时，应有统一指挥，压桩人员和吊装人员应密切联系，相互配合。

（5）板桩围护施工过程中，应加强周边地下水位以及孔隙水压力的监测。

注：本内容参照《建筑深基坑工程施工安全技术规范》（JGJ 311—2013）第 6.6 节的规定。

1.1.8 型钢水泥土搅拌墙

1. 安全目标

防止发生基坑坍塌事故，保证施工人员和机械设备的安全。

2. 安全保障措施

（1）施工现场应先进行场地平整，清除搅拌桩施工区域的表层硬物和地下障碍物。现场道路的承载能力应满足桩机和起重机平稳行走的要求。

（2）对于硬质土层成桩困难时，应调整施工速度或采取先行钻孔跳打方式。

（3）对环境保护要求高的基坑工程，宜选择挤土量小的搅拌机头，并应通过试成桩及其监测结果调整施工参数。

（4）型钢堆放场地应平整坚实、场地无积水，地基承载力应满足堆放要求。

（5）型钢吊装过程中，型钢不得拖地；起重机械回转半径内不应有障碍物，吊臂下严禁站人。

（6）型钢的插入应符合下列规定：

1）型钢宜依靠自重插入，当自重插入有困难时可采取辅助措施。严禁采用多次重复起吊型钢并松钩下落的插入方法。

2）前后插入的型钢应可靠连接。

3）当采用振动锤插入时，应通过环境监测检验其适用性。

（7）型钢的拔除与回收应符合下列规定：

1）型钢拔除应采取跳拔方式，并宜采用液压千斤顶配以起重机进行，拔除前水泥土搅拌墙与主体结构地下室外墙之间的空隙必须回填密实，拔出时应对周边环境进行监测，拔出后应对型钢留下的空隙进行注浆填充。

2）当基坑内外水头不平衡时，不宜拔除型钢；如拔除型钢，应采取相应的截水措施。

3）周边环境条件复杂、环境保护要求高、拔除对环境影响较大时，型钢不应回收。

4）回收型钢施工，应编制包括浆液配比、注浆工艺、拔除顺序等内容的施工安全方案。

（8）采用渠式切割水泥土连续墙技术施工型钢水泥土搅拌墙应符合下列规定：

1）成墙施工时，应保持不小于 2.0m/h 的搅拌推进速度。

2）成墙施工结束后，切割箱应及时进入挖掘养生作业区或拔出。

3）施工过程中，必须配置备用发电机组，保障连续作业。

4）应控制切割箱的拔出速度，拔出切割箱过程中，浆液注入量应与拔出切割箱的体积相等，混合泥浆液面不得下降。

5）水泥土未达到设计强度前，沟槽两侧应设置防护栏杆及警示标志。

注：本内容参照《建筑深基坑工程施工安全技术规范》（JGJ 311—2013）第 6.7 节的规定。

1.1.9 沉井

1. 安全目标

防止发生基坑坍塌事故，保证施工人员和机械设备的安全。

2. 安全保障措施

（1）基坑周边存在既有建（构）筑物、管线或环境保护要求严格时，不宜采用沉井施工工法。

（2）沉井的制作与施工应符合下列规定：

1）搭设外排脚手架应与模板脱开。

2）刃脚混凝土达到设计强度，方可进行后续施工。

3）沉井挖土下沉应分层、均匀、对称进行，并应根据现场施工情况采取止沉或助沉措施，沉井下沉应平稳。下沉过程中应采取信息施工法及时纠偏。

4）沉井不排水下沉时，井内水位不得低于井外水位；流动性土层开挖时，应保持井内水位高出井外水位不少于1m。

5）沉井施工中挖出的土方宜外运。当现场条件许可在附近堆放时，堆放地距井壁边的距离不应小于沉井下沉深度的 2 倍，且不应影响现场的交通、排水及后续施工。

（3）当作业人员从常压环境进入高压环境或从高压环境回到常压环境时，均应符合相关程序与规定。

注：本内容参照《建筑深基坑工程施工安全技术规范》（JGJ 311—2013）第 6.8 节的规定。

1.1.10 内支撑

1. 安全目标

防止发生基坑坍塌事故，保证施工人员和机械设备的安全。

2. 安全保障措施

（1）支撑系统的施工与拆除，应按先撑后挖、先托后拆的顺序，拆除顺序应与支护结构的设计工况相一致，并应结合现场支护结构内力与变形的监测结果进行。

（2）支撑体系上不应堆放材料或运行施工机械；当需利用支撑结构兼做施工平台或栈桥时，应进行专门设计。

（3）基坑开挖过程中应对基坑开挖形成的立柱进行监测，并应根据监测数据调整施工方案。

（4）支撑底模应具有一定的强度、刚度和稳定性，混凝土垫层不得用作底模。

（5）钢支撑吊装就位时，吊车及钢支撑下方严禁人员入内，现场应做好防下坠措施。钢支撑吊装过程中应缓慢移动，操作人员应监视周围环境，避免钢支撑刮碰坑壁、冠梁、上部钢支撑等。起吊钢支撑应先进行试吊，检查起重机的稳定性、制动的可靠性、钢支撑的平衡性、绑扎的牢固性，确认无误后，方可起吊。当起重机出现倾覆迹象时，应快速使钢支撑落回基座。

（6）钢支撑预应力施加应符合下列规定：

1）支撑安装完毕后，应及时检查各节点的连接状况，经确认符合要求后方可均匀、对称、分级施加预压力。

2）预应力施加过程中应检查支撑连接节点，必要时应对支撑节点进行加固；预应力施加完毕、额定压力稳定后应锁定。

3）钢支撑使用过程应定期进行预应力监测，必要时应对预应力损失进行补偿；在周边环境保护要求较高时，宜采用钢支撑预应力自动补偿系统。

（7）立柱及立柱桩施工应符合下列规定：

1）立柱桩施工前应对其单桩承载力进行验算，竖向荷载应按最不利工况取值，立柱在基坑开挖阶段应计入支撑与立柱的自重、支撑构件上的施工荷载等。

2）立柱与支撑可采用铰接连接。在节点处应根据承受的荷载大小，通过计算设置抗剪钢筋或钢牛腿等抗剪措施。立柱穿过主体结构底板以及支撑结构穿越主体结构地下室外墙的部位应采取止水构造措施。

3）钢立柱周边的桩孔应采用砂石均匀回填密实。

（8）支撑拆除施工应符合下列规定：

1）拆除支撑施工前，必须对施工作业人员进行安全技术交底，施工中应加强安全检查。

2）拆撑作业施工范围严禁非操作人员入内，切割焊和吊运过程中工作区严禁入内，拆除的零部件严禁随意抛落。当钢筋混凝土支撑采用爆破拆除施工时，现场应划定危险区域，并应设置警戒线和相关的安全标志，警戒范围内不得有人员逗留，并应派专人监管。

3）支撑拆除时应设置安全可靠的防护措施和作业空间，当需利用永久结构底板或楼板作为支撑拆除平台时，应采取有效的加固及保护措施，并应征得主体结构设计单位同意。

4）换撑工况应满足设计工况要求，支撑应在梁板柱结构及换撑结构达到设计要求的强度后对称拆除。

5）支撑拆除施工过程中应加强对支撑轴力和支护结构位移的监测，变化较大时，应加密监测，并应及时统计、分析上报，必要时应停止施工加强支撑。

6）栈桥拆除施工过程中，栈桥上严禁堆载，并应限制施工机械超载，合理制订拆除的顺序，应根据支护结构变形情况调整拆除长度，确保栈桥剩余部分结构的稳定性。

7）钢支撑可采用人工拆除和机械拆除。钢支撑拆除时应避免瞬间预加应力释放过大而导致支护结构局部变形、开裂，并应采用分步卸载钢支撑预应力的方法对其进行拆除。

（9）爆破拆除施工应符合下列规定：

1）钢筋、混凝土支撑爆破应根据周围环境作业条件、爆破规模，应按表 1-2 分级，采取相应的安全技术措施。

2）爆破拆除钢筋混凝土支撑应进行安全评估，并应经当地有关部门审核批准后实施。

3）应根据支撑结构特点制订爆破拆除顺序，爆破孔宜在钢筋混凝土支撑施工时预留。

4）支撑与围护结构或主体结构相连的区域应先行切断，在爆破支撑顶面和底部应加设防护层。

爆破工程分级 表1-2

作业范围	分级计量标准	级别 c			
		A	B	C	D
岩土爆破 a	一次爆破药量 $Q(t)$	$100 \leqslant Q$	$10 \leqslant Q < 100$	$0.5 \leqslant Q < 10$	$Q < 0.5$
拆除爆破	高度 $H^b(m)$	$50 \leqslant H$	$30 \leqslant H < 50$	$20 \leqslant H < 30$	$H < 20$
	一次爆破药量 $Q^c(t)$	$0.5 \leqslant Q$	$0.2 \leqslant Q < 0.5$	$0.05 \leqslant Q < 0.2$	$Q < 0.05$
特种爆破 d	单张复合板使用药量 $Q(t)$	$0.4 \leqslant Q$	$0.2 \leqslant Q < 0.4$	$Q < 0.2$	

a 表中药量对应的级别指露天深孔爆破。其他岩土爆破相应级别对应的药量系数：地下爆破 0.5；复杂环境深孔爆破 0.25；露天硐室爆破 5.0；地下硐室爆破 2.0；水下钻孔爆破 0.1，水下炸礁及清淤、挤淤爆破 0.2。

b 表中高度对应的级别指楼房、厂房及水塔的拆除爆破，烟囱和冷却塔拆除爆破相应级别对应的高度系数为 2 和 1.5。

c 拆除爆破按一次爆破药量进行分级的工程类别包括：桥梁、支撑、基础、地坪、单体结构等；城镇浅孔爆破也按此标准分级；围堰拆除爆破相应级别对应的药量系数为 20。

d 第 12 章所列其他特种爆破都按 D 级进行分级管理。

（10）当采用人工拆除作业时，作业人员应站在稳定的结构或脚手架上操作，支撑构件应采取有效的防下坠控制措施，对切断两端的支撑拆除的构件应有安全的放置场所。

（11）机械拆除施工应符合下列规定：

1）应按施工组织设计选定的机械设备及吊装方案进行施工，严禁超载作业或任意扩大拆除范围。

2）作业中机械不得同时回转、行走。

3）对尺寸或自重较大的构件或材料，必须采用起重机具及时下放。

4）拆卸下来的各种材料应及时清理，分类堆放在指定场所。

5）供机械设备使用和堆放拆卸下来的各种材料的场地地基承载力应满足要求。

注：本内容参照《建筑深基坑工程施工安全技术规范》（JGJ 311—2013）第 6.9 节的规定和《爆破安全规程》GB 6722—2014 中表 1 的规定。

1.1.11 土层锚杆

1. 安全目标

防止发生基坑坍塌事故，保证施工人员和机械设备的安全。

2. 安全保障措施

（1）当锚杆穿过的地层附近有地下管线或地下构筑物时，应查明其位置、尺寸、走向、类型、使用状况等情况后，方可进行锚杆施工。

（2）锚杆施工前宜通过试验性施工，确定锚杆设计参数和施工工艺的合理性，并应评估对环境的影响。

（3）锚孔钻进作业时，应保持钻机及作业平台稳定可靠，除钻机操作人员还应有不少于 1 人协助作业。高处作业时，作业平台应设置封闭防护设施，作业人员应佩戴防护用品。注浆施工时相关操作人员必须佩戴防护眼镜。

（4）锚杆钻机应安设安全可靠的反力装置。在有地下承压水地层钻进时，孔口必须设置可靠的防喷装置，当发生漏水、涌砂时，应及时封闭孔口。

（5）注浆管路连接应牢固可靠，保证畅通，防止塞泵、塞管。注浆施工过程中，应在现场加强巡视，对注浆管路应采取保护措施。

（6）锚杆注浆时注浆罐内应保持一定数量的浆料防止罐体放空、伤人。处理管路堵塞前，应消除灌内压力。

（7）预应力锚杆张拉施工应符合下列规定：

1）预应力锚杆张拉作业前应检查高压油泵与千斤顶之间的连接件，连接件必须完好、紧固。张拉设备应可靠，作业前必须在张拉端设置有效的防护措施。

2）锚杆钢筋或钢绞线应连接牢固，严禁在张拉时发生脱扣现象。

3）张拉过程中，孔口前方严禁站人，操作人员应站在千斤顶侧面操作。

4）张拉施工时，其下方严禁进行其他操作；严禁采用敲击方法调整施力装置，不得在锚杆端部悬挂重物或碰撞锚具。

（8）锚杆试验时，计量仪表连接必须牢固可靠，前方和下方严禁站人。

（9）锚杆锁定应控制相邻锚杆张拉锁定引起的预应力损失，当锚杆出现锚头松弛、脱落、锚具失效等情况时，应及时进行修复并对其进行再次张拉锁定。

（10）当锚杆承载力检测结果不满足设计要求时，应将检测结果提交设计复核，并提出补救措施。

注：本内容参照《建筑深基坑工程施工安全技术规范》（JGJ 311—2013）第6.10节的规定。

1.1.12 逆作法

1. 安全目标

防止发生基坑坍塌事故，保证施工人员和机械设备的安全。

2. 安全保障措施

（1）逆作法施工应采取安全控制措施，应根据柱网轴线、环境及施工方案要求设置通风口及地下通风、换气、照明和用电设备。

（2）逆作法通风排气应符合下列规定：

1）在浇筑地下室各层楼板时，挖土行进路线应预先留设通风口，随地下挖土工作面的推进，通风口露出部位应及时安装通风及排气设施。地下室空气成分应符合国家有关安全卫生标准。

2）在楼板结构水平构件上留设的临时施工洞口位置宜上下对齐，应满足施工及自然通风等要求。

3）风机表面应保持清洁，进出风口不得有杂物，应定期清除风机及管道内的灰尘等杂物。

4）风管应敷设牢固、平顺，接头应严密、不漏风，且不应妨碍运输、影响挖土及结构施工，并应配有专人负责检查、养护。

5）地下室施工时应采用送风作业，采用鼓风法从地面向地下送风到工作面，鼓风功率不应小于 $1kW/1000m^3$。

（3）逆作法照明及电力设施应符合下列规定：

1）当逆作法施工中自然采光不满足施工要求时，应编制照明用电专项方案。

2）地下室应根据施工方案及相关规范要求装置足够的照明设备及电力插座。

3）逆作法地下室施工应设一般照明、局部照明和混合照明。在一个工作场所内，不得仅设局部照明。

（4）逆作法施工应符合下列规定：

1）闲置取土口、楼梯孔洞及交通要道应搭设防护措施，且宜采取有效的防雨措施。

2）施工时应保护施工洞口结构的插筋、接驳器等预埋件。

3）宜采用专门的大型自动提土设备垂直运输土石方，当运输轨道设置在主体结构上时，应对结构承载力进行验算，并应征得设计单位同意。

4）当逆作梁板混凝土强度达到设计强度等级的90％及以上，并经设计单位许可后，方可进行下层土石方的开挖，必要时应加入早强剂或提高混凝土强度等级。

5）主体结构施工未完成前，临时柱承载力应经计算确定。

6）梁板下土方开挖应在混凝土的强度达到设计要求后进行，土方开挖过程中不得破坏主体结构及围护结构。挖出的土方应及时运走，严禁堆放在楼板上及基坑周边。

（5）施工栈桥的设置应符合下列规定：

1）施工栈桥及立柱桩应根据基坑周边环境条件、基坑形状、支撑布置、施工方法等进行专项设计，立柱桩的设计间距应满足坑内小型挖土机械的移动和操作的安全要求。

2）专项设计应提交设计单位进行复核。

3）使用中应按设计要求控制施工荷载。

（6）地下水平结构施工模板、支架应符合下列规定：

1）主体结构水平构件宜采用木模或钢模，模板支撑地基承载力与变形应满足设计要求。

2）模板体系承载力、刚度和稳定性，应能可靠承受浇筑混凝土的重量、侧压力及施工荷载。

（7）逆作法上下同步施工的工程必须采用信息施工法，并应对竖向支承桩、柱、转换梁等关键部位的内力和变形提出有针对性的施工监测方案、报警机制和应急预案。

注：本内容参照《建筑深基坑工程施工安全技术规范》（JGJ 311—2013）第6.11节的规定。

1.1.13 坑内土体加固

1. 安全目标

防止发生基坑坍塌事故，保证施工人员和机械设备的安全。

2. 安全保障措施

（1）当安全等级为一级的基坑工程进行坑内土体加固时，应先进行基坑围护施工，再进行坑内土体加固施工。

（2）降水加固可适用于砂土、粉性土，降水加固不得对周边环境产生影响。降水期间应对坑内、坑外地下水位及邻近建筑物、地下管线进行监测。

（3）当采用水泥土搅拌桩进行土体加固时，在加固深度范围以上的土层被扰动区应采用低掺量水泥回掺处理。

（4）高压喷射注浆法进行坑内土体加固施工应符合下列规定：

1）施工前应对现场环境和地下埋设物的位置情况进行调查，确定高压喷射注浆的施工工艺并选择合理的机具。

2）可根据情况在水泥浆液中加入速凝剂、悬浮剂等，掺和料与外加剂的种类及掺量应通过试验确定。

3）应采用分区、分段、间隔施工，相邻两桩施工间隔时间不应小于48h，先后施工的两桩间距应为4～6m。

4）可采用复喷施工技术措施保障加固效果，复喷施工应先喷一遍清水再喷一遍或两遍水泥浆。

5）当采用三重管或多重管施工工艺时，应对孔隙水压力进行监测，并应根据监测结果调整施工参数、施工位置和施工速度。

注：本内容参照《建筑深基坑工程施工安全技术规范》（JGJ 311—2013）第6.12节的规定。

1.1.14 险情预防

1. 安全目标

避免出现塌方险情等情况的出现。或者出现塌方险情等征兆时，能够及时停止作业，组织人员撤离危险区域。

2. 安全保障措施

（1）深基坑开挖过程中必须进行基坑变形监测，发现异常情况应及时采取措施。

（2）土方开挖过程中，应定期对基坑及周边环境进行巡视，随时检查基坑位移（土体裂缝）、倾斜、土体及周边道路沉陷或隆起、地下水涌出、管线开裂、不明气体冒出和基坑防护栏杆的安全性等。

（3）在冰雹、大雨、大雪、风力6级及以上强风等恶劣天气之后，应及时对基坑和安全设施进行检查。

（4）当基坑开挖过程中出现位移超过预警值、地表裂缝或沉陷等情况时，应及时报告有关方面。出现塌方险情等征兆时，应立即停止作业，组织撤离危险区域，并立即通知有关方面进行研究处理。

注：本内容参照《建筑施工土石方工程安全技术规范》（JGJ 180—2009）第6.4节的规定。

1.2 基坑施工影响区域保护措施安全实施细则

📋 《工程质量安全手册》第4.1.2条：

基坑施工时对主要影响区范围内的建（构）筑物和地下管线保护措施符合规范及专项施工方案的要求。

📖 安全实施细则：

1.2.1 现场勘查与环境调查基本规定

1. 安全目标

在进行基坑工程勘查与环境调查之前应取得或应搜集的一些与基坑有关的基本资料及

工作内容，充分掌握拟建建（构）筑物周边及地下的情况。

2. 安全保障措施

（1）基坑工程现场勘查与环境调查应在已有勘察报告和基坑设计文件的基础上，根据工程条件及采用的施工方法、工艺，初步判定需补充查明的地下埋藏物及周边环境条件。

（2）现场勘查与环境调查前应取得下列资料：

1）工程勘察报告和基坑工程设计文件。

2）附有坐标的基坑及周边既有建（构）筑物的总平面布置图。

3）基坑及周边地下管线、人防工程及其他地下构筑物、障碍物分布图。

4）拟建建（构）筑物室内地坪标高、场地自然地面标高、坑底设计标高及其变化情况；结构类型、荷载情况、基础埋深和地基基础形式、地下结构平面布置图及基坑平面尺寸。

5）工程所在地常用的施工方法和同类工程的施工资料、监测资料等。

（3）现场勘查与环境调查结果应及时反馈设计和监理单位。

注：本内容参照《建筑深基坑工程施工安全技术规范》（JGJ 311—2013）第 4.1 节的规定。

1.2.2 现场勘查及环境调查要求

1. 安全目标

基坑现场勘查和环境调查，要查清基坑周边影响范围内建（构）筑物、管线等情况并采取相应的措施，防止盲目开挖造成对建（构）筑物和管线的破坏。

2. 安全保障措施

（1）基坑现场勘查和环境调查应符合下列规定：

1）勘查与调查范围应超过基坑开挖边线之外，且不得小于基坑深度的 2 倍。

2）应查明既有建（构）筑物的高度、结构类型、基础形式、尺寸、埋深、地基处理和建成时间、沉降变形、损坏和维修等情况。

3）应查明各类地下管线的类型、材质、分布、重要性、使用情况、对施工振动和变形的承受能力，地面和地下贮水、输水等用水设施的渗漏情况及其对基坑工程的影响程度。

4）应查明存在的旧建（构）筑物基础、人防工程、其他洞穴、地裂缝、河流水渠、人工填土、边坡、不良工程地质等的空间分布特征及其对基坑工程的影响。

5）应查明道路及运行车辆载重情况。

6）应查明地表水的汇集和排泄情况。

7）当邻近场地进行抽降地下水施工时，应查明降深、影响范围和可能的停抽时间，以及对基坑侧壁土性指标的影响。

8）当邻近场地有振动荷载时，应查明其影响范围和程度。

9）应查明邻近基坑与地下工程的支护方法、开挖和使用对本基坑工程安全的影响。

（2）对施工安全等级为一级、分布有地下管网的基坑工程，宜采用物探为主、坑探为辅的勘查方法；对安全等级为二级的基坑工程，可采用坑探方法。

（3）勘查孔和探井使用结束后，应及时回填，回填质量应满足相关规定。

（4）钻深机组安全生防护设施应符合下列规定：

1）钻机水龙头与主动钻杆连接应牢固，高压胶管应采取防缠绕措施；

2）钻塔上工作平台应设置高度大于 0.9m 的防护栏，木质踏板厚度不应小于 0.05m；

3）基台内不得存放易燃、易爆和有蚀性的危险品；

4）高度 10m 以上的高塔应设置安全绸绳。

（5）探井井口安全防护应符合下列规定：

1）井口锁口应高于自然地面 0.2m；

2）井口段为土质松软或较破碎地层时，应采取支护措施；

3）井口应设置安全标志，夜间应设置警示灯；

4）停工期间或夜间，井口四周应设置高度不小于 1.1m 的防护栏，并应盖好井口盖板。

注：本内容参照《建筑深基坑工程施工安全技术规范》（JGJ 311—2013）第 4.2 节的规定。

1.2.3 现场勘查与环境调查报告

1. 安全目标

现场勘查与环境调查报告为基坑施工提供详细资料，确保在基坑施工时不对周边建（构）筑物、地下管线的安全造成影响。

2. 安全保障措施

（1）现场勘查与环境调查报告应包括下列主要内容：

1）勘查与环境调查的目的、调查方法。

2）基坑轮廓线与周围既有建（构）筑物荷载、基础类型、埋深、地基处理深度等。

3）相关地下管线的分布现状、渗漏等情况。

4）周边道路的分布及车辆通行情况。

5）雨水汇流与排泄条件。

6）实验方法、检测方法及结论和建议。

（2）现场勘查与环境调查报告应包括下列文件：

1）基坑周边环境条件图。

2）勘查点平面位置图。

3）拟采用的支护结构、降水方案设计相关文件。

4）基坑平面尺寸及深度，主体结构基础类型及平面布置图。

5）实验和检测文件。

（3）现场勘查与环境调查报告应明确引用场地原有岩土工程勘察报告的内容、核查变化情况，对设计文件、施工组织设计的修改意见和建议，以及基坑工程施工和使用过程中的重要事项。

注：本内容参照《建筑深基坑工程施工安全技术规范》（JGJ 311—2013）第 4.3 节的规定。

1.2.4　已有地下管线禁挖范围

1. 安全目标

保证管线不被破坏。

2. 安全保障措施

（1）在电力管线、通信管线、燃气管线 2m 范围内及上下水管线 1m 范围内挖土时，应有专人监护。以免碰到及损坏管线。

注：本内容参照《建筑施工土石方工程安全技术规范》（JGJ 180—2009）第 6.3.1 条的规定。

（2）土方开挖前，应查明基坑周边影响范围内建（构）筑物、上下水、电缆、燃气、排水及热力等地下管线情况，并采取措施保护其使用安全。

注：本内容参照《建筑施工土石方工程安全技术规范》（JGJ 180—2009）第 6.1.2 条的规定。

（3）土方开挖过程中，应定期对基坑及周边环境进行巡视，随时检查基坑位移（土体裂缝）、倾斜、土体及周边道路沉陷或隆起、地下水涌出、管线开裂、不明气体冒出和基坑防护栏杆的安全性等。

注：本内容参照《建筑施工土石方工程安全技术规范》（JGJ 180—2009）第 6.4.2 节的规定。

1.3　基坑周围地面排水安全实施细则

📋《工程质量安全手册》第 4.1.3 条：

基坑周围地面排水措施符合规范及专项施工方案的要求。

📋安全实施细则：

1. 安全目标

防止地表水流淌到基坑内浸泡地基，影响地基承载力。

2. 安全保障措施

（1）基坑边坡的顶部应设排水措施。在边坡顶部挖设纵向坡度不小于 2‰ 的排水沟，使地表水不流向基坑。

注：本内容参照《建筑施工土石方工程安全技术规范》（JGJ 180—2009）第 6.3.3 条的规定。

（2）应进行中长期天气预报资料收集，编制晴雨表，根据天气预报实时调整施工进度。降雨前应对已开挖未进行支护的侧壁采用覆盖措施，并应配备设备及时排除基坑内积水。

注：本内容参照《建筑深基坑工程施工安全技术规范》（JGJ 311—2013）第 7.1.8 条的规定。

1.4 基坑地下水控制安全实施细则

📋 《工程质量安全手册》第 4.1.4 条：

基坑地下水控制措施符合规范及专项施工方案的要求。

📋 安全实施细则：

1.4.1 基坑截水措施

1. 安全目标

基坑坑底被水浸泡后会造成基坑安全性的降低，所以要对基坑施工范围内的地下水进行控制。

2. 安全保障措施

（1）基坑截水应根据工程地质条件、水文地质条件及施工条件等，选用水泥土搅拌桩帷幕、高压旋喷或摆喷注浆帷幕、地下连续墙或咬合式排桩。支护结构采用排桩时，可采用高压旋喷或摆喷注浆与排桩相互咬合的组合帷幕。对碎石土、杂填土、泥炭质土、泥炭、pH 值较低的土或地下水流速较大时，水泥土搅拌桩帷幕、高压喷射注浆帷幕宜通过试验确定其适用性或外加剂品种及掺量。

（2）当坑底以下存在连续分布、埋深较浅的隔水层时，应采用落底式帷幕。落底式帷幕进入下卧隔水层的深度应满足式（1-1）的要求，且不宜小于 1.5m。

$$l \geqslant 0.2\Delta h - 0.5b \tag{1-1}$$

式中　l——帷幕进入隔水层的深度（m）；

　　　Δh——基坑内外的水头差值（m）；

　　　b——帷幕的厚度（m）。

（3）截水帷幕在平面布置上应沿基坑周边闭合。当采用沿基坑周边非闭合的平面布置形式时，应对地下水沿帷幕两端绕流引起的渗流破坏和地下水位下降进行分析。

（4）采用水泥土搅拌桩帷幕时，搅拌桩直径宜取 450～500mm，搅拌桩的搭接宽度应符合下列规定：

1）单排搅拌桩帷幕的搭接宽度，当搅拌深度不大于 10m 时，不应小于 150mm；当搅拌深度为 10～15m 时，不应小于 200mm；当搅拌深度大于 15m 时，不应小于 250mm；

2）对地下水位较高、渗透性较强的地层，宜采用双排搅拌桩截水帷幕；搅拌桩的搭接宽度，当搅拌深度不大于 10m 时，不应小于 100mm；当搅拌深度为 10～15m 时，不应小于 150mm；当搅拌深度大于 15m 时，不应小于 200mm。

（5）搅拌桩水泥浆液的水灰比宜取 0.6～0.8。搅拌桩的水泥掺量宜取土的天然质量的 15%～20%。

（6）搅拌桩的施工偏差应符合下列要求：

1）桩位的允许偏差应为 50mm；

2）垂直度的允许偏差应为 1%。

（7）采用高压旋喷、摆喷注浆帷幕时，注浆固结体的有效半径宜通过试验确定；缺少试验时，可根据土的类别及其密实程度、高压喷射注浆工艺，按工程经验采用。摆喷注浆的喷射方向与摆喷点连线的夹角宜取 $10°\sim25°$，摆动角度宜取 $20°\sim30°$。水泥土固结体的搭接宽度，当注浆孔深度不大于 10m 时，不应小于 150mm；当注浆孔深度为 $10\sim20m$ 时，不应小于 250mm；当注浆孔深度为 $20\sim30m$ 时，不应小于 350mm。对地下水位较高、渗透性较强的地层，可采用双排高压喷射注浆帷幕。

（8）高压喷射注浆帷幕的施工应符合下列要求：

1）采用与排桩咬合的高压喷射注浆帷幕时，应先进行排桩施工，后进行高压喷射注浆施工；

2）高压喷射注浆的施工作业顺序应采用隔孔分序方式，相邻孔喷射注浆的间隔时间不宜小于 24h；

3）喷射注浆时，应由下而上均匀喷射，停止喷射的位置宜高于帷幕设计顶面 1m；

4）可采用复喷工艺增大固结体半径、提高固结体强度；

5）喷射注浆时，当孔口的返浆量大于注浆量的 20％时，可采用提高喷射压力等措施；

6）当因浆液渗漏而出现孔口不返浆的情况时，应将注浆管停置在不返浆处持续喷射注浆，并宜同时采用从孔口填入中粗砂、注浆液掺入速凝剂等措施，直至出现孔口返浆；

7）喷射注浆后，当浆液析水、液面下降时，应进行补浆；

8）当喷射注浆因故中途停喷后，继续注浆时应与停喷前的注浆体搭接，其搭接长度不应小于 500mm；

9）当注浆孔邻近既有建筑物时，宜采用速凝浆液进行喷射注浆。

（9）高压喷射注浆的施工偏差应符合下列要求：

1）孔位的允许偏差应为 50mm；

2）注浆孔垂直度的允许偏差应为 1％。

注：本内容参照《建筑基坑支护技术规程》（JGJ 120—2012）第 7.2 节的规定。

1.4.2　基坑降水措施

1．安全目标

基坑坑底被水浸泡后会造成基坑安全性的降低，所以要对基坑施工范围内的地下水进行控制。

2．安全保障措施

（1）基坑降水可采用管井、真空井点、喷射井点等方法，并宜按表 1-3 的适用条件选用。

各种降水方法的适用条件 表 1-3

方法	土类	渗透系数（m/d）	降水深度（m）
管井	粉土、砂土、碎石土	$0.1\sim200.0$	不限
真空井点	黏性土、粉土、砂土	$0.005\sim20.0$	单级井点＜6 多级井点＜20
喷射井点	黏性土、粉土、砂土	$0.005\sim20.0$	＜20

（2）降水后基坑内的水位应低于坑底 0.5m。当主体结构有加深的电梯井、集水井时，坑底应按电梯井、集水井底面考虑或对其另行采取局部地下水控制措施。基坑采用截水结合坑外减压降水的地下水控制方法时，尚应规定降水井水位的最大降深值和最小降深值。

（3）降水井在平面布置上应沿基坑周边形成闭合状。当地下水流速较小时，降水井宜等间距布置；当地下水流速较大时，在地下水补给方向宜适当减小降水井间距。对宽度较小的狭长形基坑，降水井也可在基坑一侧布置。

（4）基坑地下水位降深应符合式（1-2）规定：

$$s_i \geqslant s_d \tag{1-2}$$

式中 s_i——基坑内任一点的地下水位降深（m）；

s_d——基坑地下水位的设计降深（m）。

（5）当含水层为粉土、砂土或碎石土时，潜水完整井的地下水位降深可按式（1-3）计算（图 1-1、图 1-2）：

$$s_i = H - \sqrt{H^2 - \sum_{j=1}^{n} \frac{q_j}{\pi k} \ln \frac{R}{r_{ij}}} \tag{1-3}$$

式中 s_i——基坑内任一点的地下水位降深（m）；基坑内各点中最小的地下水位降深可取各个相邻降水井连线上地下水位降深的最小值，当各降水井的间距和降深相同时，可取任一相邻降水井连线中点的地下水位降深；

H——潜水含水层厚度（m）；

q_j——按干扰井群计算的第 j 口降水井的单井流量（m³/d）；

k——含水层的渗透系数（m/d）；

R——影响半径（m），应按现场抽水试验确定；

r_{ij}——第 j 口井中心至地下水位降深计算点的距离（m）；当 $r_{ij} > R$ 时，应取 $r_{ij} = R$；

n——降水井数量。

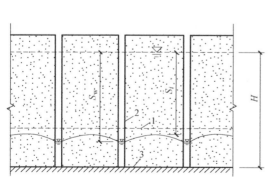

图 1-1 潜水完整井地下水位降深计算
1—基坑面；2—降水井；3—潜水含水层底板

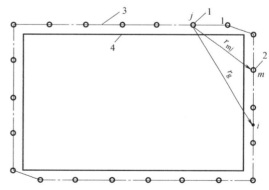

图 1-2 计算点与降水井的关系
1—第 j 口井；2—第 m 口井；
3—降水井所围面积的边线；4—基坑边线

（6）真空井点的构造应符合下列要求：

1）井管宜采用金属管，管壁上渗水孔宜按梅花状布置，渗水孔直径宜取 12~18mm，渗水孔的孔隙率应大于 15%，渗水段长度应大于 1.0m；管壁外应根据土层的粒径设置滤网；

2）真空井管的直径应根据单井设计流量确定，井管直径宜取 38～110mm；井的成孔直径应满足填充滤料的要求，且不宜大于 300mm；

3）孔壁与井管之间的滤料宜采用中粗砂，滤料上方应使用黏土封堵，封堵至地面的厚度应大于 1m。

（7）喷射井点的构造应符合下列要求：

1）喷射井点过滤器的构造要求：井管宜采用金属管，管壁上渗水孔宜按梅花状布置，渗水孔直径宜取 12～18mm，渗水孔的孔隙率应大于 15%，渗水段长度应大于 1.0m；管壁外应根据土层的粒径设置滤网；喷射器混合室直径可取 14mm，喷嘴直径可取 6.5mm；

2）井的成孔直径宜取 400～600mm，井孔应比滤管底部深 1m 以上；

3）孔壁与井管之间填充滤料宜采用中粗砂，滤料上方应使用黏土封堵，封堵至地面的厚度应大于 1m；

4）工作水泵可采用多级泵，水泵压力宜大于 2MPa。

（8）管井的施工应符合下列要求：

1）管井的成孔施工工艺应适合地层特点，对不易塌孔、缩颈的地层宜采用清水钻进；钻孔深度宜大于降水井设计深度 0.3～0.5m；

2）采用泥浆护壁时，应在钻进到孔底后清除孔底沉渣并立即置入井管、注入清水，当泥浆相对密度不大于 1.05 时，方可投入滤料；遇塌孔时不得置入井管，滤料填充体积不应小于计算量的 95%；

3）填充滤料后，应及时洗井，洗井应直至过滤器及滤料滤水畅通，并应抽水检验井的滤水效果。

（9）真空井点和喷射井点的施工应符合下列要求：

1）真空井点和喷射井点的成孔工艺可选用清水或泥浆钻进、高压水套管冲击工艺（钻孔法、冲孔法或射水法），对不易塌孔、缩颈的地层也可选用长螺旋钻机成孔；成孔深度宜大于降水井设计深度 0.5～1.0m；

2）钻进到设计深度后，应注水冲洗钻孔、稀释孔内泥浆；滤料填充应密实均匀，滤料宜采用粒径为 0.4～0.6mm 的纯净中粗砂；

3）成井后应及时洗孔，并应抽水检验井的滤水效果；抽水系统不应漏水、漏气；

4）抽水时的真空度应保持在 55kPa 以上，且抽水不应间断。

（10）抽水系统在使用期的维护应符合下列要求：

1）降水期间应对井水位和抽水量进行监测，当基坑侧壁出现渗水时，应检查井的抽水效果，并采取有效措施；

2）采用管井时，应对井口采取防护措施，井口宜高于地面 200mm 以上，应防止物体坠入井内；

3）冬季负温环境下，应对抽排水系统采取防冻措施。

（11）抽水系统的使用期应满足主体结构的施工要求。当主体结构有抗浮要求时，停止降水的时间应满足主体结构施工期的抗浮要求。

（12）当基坑降水引起的地层变形对基坑周边环境产生不利影响时，宜采用回灌方法减少地层变形量。回灌方法宜采用管井回灌，回灌应符合下列要求：

1）回灌井应布置在降水井外侧，回灌井与降水井的距离不宜小于6m；回灌井的间距应根据回灌水量的要求和降水井的间距确定；

2）回灌井宜进入稳定水面不小于1m，回灌井过滤器应置于渗透性强的土层中，且宜在透水层全长设置过滤器；

3）回灌水量应根据水位观测孔中的水位变化进行控制和调节，回灌后的地下水位不应高于降水前的水位。采用回灌水箱时，箱内水位应根据回灌水量的要求确定；

4）回灌用水应采用清水，宜用降水井抽水进行回灌；回灌水质应符合环境保护要求。

（13）当基坑面积较大时，可在基坑内设置一定数量的疏干井。

（14）基坑排水系统的输水能力应满足基坑降水的总涌水量要求。

注：本内容参照《建筑基坑支护技术规程》（JGJ 120—2012）第7.3节的规定。

1.4.3 基坑集水明排措施

1. 安全目标

基坑坑底被水浸泡后会造成基坑安全性的降低，所以要对基坑施工范围内的地下水进行控制。

2. 安全保障措施

（1）对坑底汇水、基坑周边地表汇水及降水井抽出的地下水，可采用明沟排水；对坑底渗出的地下水，可采用盲沟排水；当地下室底板与支护结构间不能设置明沟时，也可采用盲沟排水。

（2）排水沟的截面应根据设计流量确定，排水沟的设计流量应符合式（1-4）规定：

$$Q \leqslant V/1.5 \tag{1-4}$$

式中　Q——排水沟的设计流量（m^3/d）；

　　　V——排水沟的排水能力（m^3/d）。

（3）明沟和盲沟的坡度不宜小于0.3%。采用明沟排水时，沟底应采取防渗措施。采用盲沟排出坑底渗出的地下水时，其构造、填充料及其密实度应满足主体结构的要求。

（4）沿排水沟宜每隔30～50m设置一口集水井；集水井的净截面尺寸应根据排水流量确定。集水井应采取防渗措施。

（5）基坑坡面渗水宜采用渗水部位插入导水管排出。导水管的间距、直径及长度应根据渗水量及渗水土层的特性确定。

（6）采用管道排水时，排水管道的直径应根据排水量确定。排水管的坡度不宜小于0.5%。排水管道材料可选用钢管、PVC管。排水管道上宜设置清淤孔，清淤孔的间距不宜大于10m。

（7）基坑排水设施与市政管网连接口之间应设置沉淀池。明沟、集水井、沉淀池使用时应排水畅通并应随时清理淤积物。

注：本内容参照《建筑基坑支护技术规程》（JGJ 120—2012）第7.4节的规定。

1.4.4 环境影响预测与预防

1. 安全目标

控制由于降水引起的建筑物或地面沉降量在规定的范围内。

2. 安全保障措施

（1）降水引起的基坑周边环境影响预测宜包括下列内容：

1）地面沉降、塌陷。

2）建（构）筑物、地下管线开裂、位移、沉降、变形。

3）产生流砂、流土、管渗、潜蚀等。

（2）可根据调查或实测资料、工程经验预测和判断降水对基坑周边环境影响；可根据建筑物结构形式、荷载大小、地基条件采用现行国家标准《建筑地基基础设计规范》（GB 50007—2011）规定的分层总和法，或采用单向固结法按式（1-5）估算降水引起的建筑物或地面沉降量：

$$S = \psi_{\mathrm{w}} \sum_{i=1}^{n} \frac{\Delta\sigma'_{ri}\,\Delta h_i}{E_{si}} \tag{1-5}$$

式中　S——降水引起的建筑物基础或地面的沉降量（m）；

ψ_{w}——沉降计算经验系数，应根据地区工程经验取值；无经验时，对软土地层，宜取 $\psi_{\mathrm{w}}=1.0\sim1.2$，对一般地层可取 $0.6\sim1.0$，对当量模量大于 10MPa 的土层、复合土层可取 $0.4\sim0.6$，对密实砂层可取 $0.2\sim0.4$；

$\Delta\sigma'_{ri}$——降水引起的地面下第 i 土层中点处的有效应力增量（kPa）；对黏性土，应取降水结束时土的有效应力增量；

Δh_i——第 i 层土的厚度（m）；

E_{si}——按实际应力段确定的第 i 层土的压缩模量（kPa）；对采用地基处理的复合土层应按现行行业标准《建筑地基处理技术规范》（JGJ 79—2012）规定的方法取值。

降水引起的建筑物或地面沉降量的计算方法较多，如数值方法等，最好能采取多种方法相互验证，并应按最不利情况编制对应预防措施。

（3）减少基坑降水对周边环境影响的措施应符合下列规定：

1）应检测帷幕截水效果，对渗漏点进行处理。

2）滤水管外宜包两层 60 目井底布，外填砾料应保证设计厚度和质量，抽水含砂量应符合有关规范要求。

3）应通过调整降水井数量、间距或水泵设置深度，控制降水影响范围，在保证地下水位降深达到要求时减少抽水量。

4）应限定单井出水流量，防止地下水流速过快带动细砂涌入井内，造成地基土渗流破坏。

5）开始降水时水泵启动，应根据与保护对象的距离按先远后近的原则间隔进行；结束降水时关闭水泵，应按先近后远的顺序原则间隔进行。

注：本内容参照《建筑深基坑工程施工安全技术规范》（JGJ 311—2013）第 7.5 节的规定。

1.5　基坑周边荷载安全实施细则

《工程质量安全手册》第 4.1.5 条：

基坑周边荷载符合规范及专项施工方案的要求。

📋安全实施细则：

1.5.1 基坑边不得堆土、堆料、放置机具

1. 安全目标

基坑边堆土、堆料或停放施工机械等加大了基坑的附加荷载，故需要限制在设计允许范围内，以确保基坑整体结构的安全和基坑内施工作业的安全。

2. 安全保障措施

除了基坑支护设计允许外，基坑边不得堆土、堆料、放置机具。基坑边堆土、堆料或停放施工机械等加大了基坑的附加荷载，极易造成基坑边坡塌方事故。

注：本内容参照《建筑施工土石方工程安全技术规范》（JGJ 180—2009）第 6.3.9 条的规定。

1.5.2 基坑边施工荷载控制要求

1. 安全目标

基坑边堆土、堆料或停放施工机械等加大了基坑的附加荷载，故需要限制在设计允许范围内，以确保基坑整体结构安全和基坑内施工作业的安全。

2. 安全保障措施

（1）基坑周边、放坡平台的施工荷载应按设计要求进行控制。

基坑周边及放坡平台的施工荷载将直接关系到基坑施工安全，合理控制相应的施工荷载，是保证基坑施工安全的关键。若现场存在不可避免的超过设计规定的荷载，则应根据实际情况重新进行计算并根据计算结果采取加固措施。

（2）基坑开挖的土方不应在邻近建筑及基坑周边影响范围内堆放，当需堆放时应进行承载力和相关稳定性验算。

基坑开挖的土方应及时外运，若需在场地内进行部分堆土时，应经设计单位同意，并应采取相应的安全技术措施，合理确定堆土范围和高度，以免对基坑和周边环境产生不利影响。

注：本内容参照《建筑深基坑工程施工安全技术规范》（JGJ 311—2013）第 8.1.2 条规定。

1.6 基坑监测安全实施细则

📋《工程质量安全手册》第 4.1.6 条：

基坑监测项目、监测方法、测点布置、监测频率、监测报警及日常检查符合规范、设计及专项施工方案的要求。

📋安全实施细则：

1.6.1 基本规定

1. 安全目标

基坑工程监测既要保证基坑的安全，也要保证周边环境中市政、公用、供电、通信及

人防、文物等的安全与正常使用。

2. 安全保障措施

（1）开挖深度大于等于5m或开挖深度小于5m但现场地质情况和周围环境较复杂的基坑工程以及其他需要监测的基坑工程应实施基坑工程监测。

注：本内容参照《建筑基坑工程监测技术规范》（GB 50497—2009）第3.0.1条的规定。

（2）基坑工程设计提出的对基坑工程监测的技术要求应包括监测项目、监测频率和监测报警值等。

注：本内容参照《建筑基坑工程监测技术规范》（GB 50497—2009）第3.0.2条的规定。

（3）基坑工程施工前，应由建设方委托具备相应资质的第三方对基坑工程实施现场监测。监测单位应编制监测方案，监测方案需经建设方、设计方、监理方等认可，必要时还需与基坑周边环境涉及的有关管理单位协商一致后方可实施。

注：本内容参照《建筑基坑工程监测技术规范》（GB 50497—2009）第3.0.3条的规定。

1.6.2　监测项目

1. 安全目标

基坑工程监测既要保证基坑的安全，也要保证周边环境中市政、公用、供电、通信及人防、文物等的安全与正常使用。

2. 安全保障措施

基坑工程现场监测的对象应包括：

（1）支护结构。

（2）地下水状况。

（3）基坑底部及周边土体。

（4）周边建筑。

（5）周边管线及设施。

（6）周边重要的道路。

（7）其他应监测的对象。

注：本内容参照《建筑基坑工程监测技术规范》（GB 50497—2009）第4.1.2条的规定。

1.6.3　监测点布置

1. 安全目标

基坑工程监测既要保证基坑的安全，也要保证周边环境中市政、公用、供电、通信及人防、文物等的安全与正常使用。

2. 安全保障措施

（1）基坑工程监测点的布置应能反映监测对象的实际状态及其变化趋势，监测点应布置在内力及变形关键特征点上，并应满足监控要求。

（2）基坑工程监测点的布置应不妨碍监测对象的正常工作，并应减少对施工作业的不利影响。

（3）监测标志应稳固、明显、结构合理，监测点的位置应避开障碍物，便于观测。

注：本内容参照《建筑基坑工程监测技术规范》（GB 50497—2009）第 5.1.1～5.1.3 条的规定。

（4）围护墙或基坑边坡顶部的水平和竖向位移监测点应沿基坑周边布置，周边中部、阳角处应布置监测点。监测点水平间距不宜大于 20m，每边监测点数目不宜少于 3 个。水平和竖向位移监测点宜为共用点，监测点宜设置在围护墙顶或基坑坡顶上。

（5）围护墙或土体深层水平位移监测点宜布置在基坑周边的中部、阳角处及有代表性的部位。监测点水平间距宜为 20～50m，每边监测点数目不应少于 1 个。

用测斜仪观测深层水平位移时，当测斜管埋设在围护墙体内，测斜管长度不宜小于围护墙的深度；当测斜管埋设在土体中，测斜管长度不宜小于基坑开挖深度的 1.5 倍，并应大于围护墙的深度。以测斜管底为固定起算点时，管底应嵌入到稳定的土体中。

（6）围护墙内力监测点应布置在受力、变形较大且有代表性的部位。监测点数量和水平间距视具体情况而定。竖直方向监测点应布置在弯矩极值处。竖向间距宜为 2～4m。

（7）支撑内力监测点的布置应符合下列要求：

1）监测点宜设置在支撑内力较大或在整个支撑系统中起控制作用的杆件上。

2）每层支撑的内力监测点不应少于 3 个，各层支撑的监测点位置在竖向上宜保持一致。

3）钢支撑的监测截面宜选择在两支点间 1/3 部位或支撑的端头；混凝土支撑的监测截面宜选择在两支点间 1/3 部位，并避开节点位置。

4）每个监测点截面内传感器的设置数量及布置应满足不同传感器测试要求。

（8）立柱的竖向位移监测点宜布置在基坑中部、多根支撑交汇处、地质条件复杂处的立柱上。监测点不应少于立柱总根数的 5%，逆作法施工的基坑不应少于 10%，且均不应少于 3 根。立柱的内力监测点宜布置在受力较大的立柱上，位置宜设在坑底以上各层立柱下部的 1/3 部位。

（9）锚杆的内力监测点应选择在受力较大且有代表性的位置，基坑每边中部、阳角处和地质条件复杂的区段宜布置监测点。每层锚杆的内力监测点数量应为该层锚杆总数的 1%～3%，并不应少于 3 根。各层监测点位置在竖向上宜保持一致。每根杆体上的测试点宜设置在锚头附近和受力有代表性的位置。

（10）土钉的内力监测点应选择在受力较大且有代表性的位置，基坑每边中部、阳角处和地质条件复杂的区段宜布置监测点。监测点数量和间距应视具体情况而定，各层监测点位置在竖向上宜保持一致。每根土钉杆体上的测试点应设置在有代表性的受力位置。

（11）坑底隆起（回弹）监测点的布置应符合下列要求：

1）监测点宜按纵向或横向剖面布置，剖面宜选择在基坑的中央以及其他能反映变形特征的位置，剖面数量不应少于 2 个。

2）同一剖面上监测点横向间距宜为 10～30m，数量不应少于 3 个。

（12）围护墙侧向土压力监测点的布置应符合下列要求：

1）监测点应布置在受力、土质条件变化较大或其他有代表性的部位。

2）平面布置上基坑每边不宜少于 2 个监测点。竖向布置上监测点间距宜为 2～5m，下部宜加密。

3）当按土层分布情况布设时，每层应至少布设 1 个测点，且宜布置在各层土的中部。

（13）孔隙水压力监测点宜布置在基坑受力、变形较大或有代表性的部位。竖向布置上监测点宜在水压力变化影响深度范围内按土层分布情况布设，竖向间距宜为 2～5m，数量不宜少于 3 个。

（14）地下水位监测点的布置应符合下列要求：

1）基坑内地下水位当采用深井降水时，水位监测点宜布置在基坑中央和两相邻降水井的中间部位；当采用轻型井点、喷射井点降水时，水位监测点宜布置在基坑中央和周边拐角处，监测点数量应视具体情况确定。

2）基坑外地下水位监测点应沿基坑、被保护对象的周边或在基坑与被保护对象之间布置，监测点间距宜为 20～50m。相邻建筑、重要的管线或管线密集处应布置水位监测点；当有止水帷幕时，宜布置在止水帷幕的外侧约 2m 处。

3）水位观测点的管底埋置深度应在最低设计水位或最低允许地下水位之下 3～5m。承压水水位监测管的滤管应埋置在所测的承压含水层中。

4）回灌井点观测点应设置在回灌井点与被保护对象之间。

注：本内容参照《建筑基坑工程监测技术规范》（GB 50497—2009）第 5.2 节的规定。

1.6.4 监测方法

1. 安全目标

采用合理的监测方法，实时监测基坑以及周边的变化。

2. 安全保障措施

（1）一般规定

1）监测方法的选择应根据基坑类别、设计要求、场地条件、当地经验和方法适用性等因素综合确定，监测方法应合理易行。

2）变形监测网的基准点、工作基点布设应符合下列要求：

① 每个基坑工程至少应有 3 个稳定、可靠的点作为基准点。

② 工作基点应选在相对稳定和方便使用的位置。在通视条件良好、距离较近、观测项目较少的情况下，可直接将基准点作为工作基点。

③ 监测期间，应定期检查工作基点和基准点的稳定性。

3）监测仪器、设备和元件应符合下列规定：

① 满足观测精度和量程的要求，且应具有良好的稳定性和可靠性。

② 应经过校准或标定，且校核记录和标定资料齐全，并应在规定的校准有效期内使用。

③ 监测过程中应定期进行监测仪器、设备的维护保养、检测以及监测元件的检查。

4）对同一监测项目，监测时宜符合下列要求：

① 采用相同的观测方法和观测路线。

② 使用同一监测仪器和设备。

③ 固定观测人员。

④ 在基本相同的环境和条件下工作。

5）监测项目初始值应在相关施工工序之前测定，并取至少连续观测 3 次稳定值的平均值。稳定值实际上是指在较小范围内变化的初始观测值，且其变化幅度相对于该监测项目的报警值而言可以忽略不计。

6）地铁、隧道等其他基坑周边环境的监测方法和监测精度应符合相关标准的规定以及主管部门的要求。

7）监测方法还可以采用能够达到精度要求的其他方法，如自动全站仪非接触监测、光纤监测、GPS 定位、摄影测量等采用高新技术的监测方法。

注：本内容参照《建筑基坑工程监测技术规范》（GB 50497—2009）第 6.1 节的规定。

（2）水平位移监测

1）测定特定方向上的水平位移时，可采用视准线法、小角度法、投点法等；测定监测点任意方向的水平位移时，可视监测点的分布情况，采用前方交会法、后方交会法、极坐标法等；当测点与基准点无法通视或距离较远时，可采用 GPS 测量法或三角、三边、边角测量与基准线法相结合的综合测量方法。

水平位移的监测方法较多，但各种方法的适用条件不一，在方法选择和施测时均应特别注意。

如采用小角度法时，监测前应对经纬仪的垂直轴倾斜误差进行检验，当垂直角超出±3°范围时，应进行垂直轴倾斜修正；采用视准线法时，其测点埋设偏离基准线的距离不宜大于 20mm，对活动觇牌的零位差应进行测定；采用前方交会法时，交会角应在 60°～120°之间，并宜采用三点交会法等。

2）水平位移监测基准点的埋设应符合规定，宜设置有强制对中的观测墩，并宜采用精密的光学对中装置，对中误差不宜大于 0.5mm。

3）基坑围护墙（边坡）顶部、基坑周边管线、邻近建筑水平位移监测精度应根据其水平位移报警值按表 1-4 确定。

水平位移监测精度要求（mm）   表 1-4

水平位移报警值	累计值 D(mm)	D<20	20≤D<40	40≤D<60	D>60
	变化速率 v_D(mm/d)	$v_D<2$	$2≤v_D<4$	$4≤v_D<6$	$v_D>6$
监测点坐标中误差		≤0.3	≤1.0	≤1.5	≤3.0

注：1 监测点坐标中误差，是指监测点相对测站点（如工作基点等）的坐标中误差，为点位中误差的 $1/\sqrt{2}$；
2 当根据累计值和变化速率选择的精度要求不一致时，水平位移监测精度优先按变化速率报警值的要求确定；
3 《建筑基坑工程监测技术规范》GB 50497—2009 以中误差作为衡量精度的标准。

注：本内容参照《建筑基坑工程监测技术规范》（GB 50497—2009）第 6.2 节的规定。

（3）竖向位移监测

1）竖向位移监测可采用几何水准或液体静力水准等方法。

2）坑底隆起（回弹）宜通过设置回弹监测标，采用几何水准并配合传递高程的辅助设备进行监测，传递高程的金属杆或钢尺等应进行温度、尺长和拉力等项修正。

3）围护墙（边坡）顶部、立柱、基坑周边地表、管线和邻近建筑的竖向位移监测精度应根据其竖向位移报警值按表 1-5 确定。

竖向位移监测精度要求（mm）　　　　　　　　　　表 1-5

竖向位移报警值	累计值 S(mm)	$S<20$	$20 \leqslant S<40$	$40 \leqslant S<60$	$S>60$
	变化速率 v_S(mm/d)	$v_S<2$	$2 \leqslant v_S<4$	$4 \leqslant v_S<6$	$v_S>6$
监测点坐标中误差		$\leqslant 0.15$	$\leqslant 0.3$	$\leqslant 0.5$	$\leqslant 1.5$

注：监测点测站高差中误差是指相应精度与视距的几何水准测量单程一测站的高差中误差。

4）坑底隆起（回弹）监测的精度应符合表 1-6 的要求。

坑底隆起（回弹）监测的精度要求（mm）　　　　　　　　表 1-6

坑底回弹(隆起)报警值	$\leqslant 40$	$40 \sim 60$	$60 \sim 80$
监测点测站高差中误差	$\leqslant 1.0$	$\leqslant 2.0$	$\leqslant 3.0$

5）各监测点与水准基准点或工作基点应组成闭合环路或附合水准路线。

注：本内容参照《建筑基坑工程监测技术规范》（GB 50497—2009）第 6.3 节的规定。

（4）深层水平位移监测

1）围护墙或土体深层水平位移的监测宜采用在墙体或土体中预埋测斜管，通过测斜仪观测各深度处水平位移的方法。测斜仪依据探头是否固定在被测物体上分为固定式和活动式两种。基坑工程监测中常用的是活动式测斜仪，即先埋设测斜管，每隔一定的时间将探头放入管内沿导槽滑动，通过量测测斜管斜度变化推算水平位移。

2）测斜仪的系统精度不宜低于 0.25mm/m，分辨率不宜低于 0.02mm/500mm。

3）测斜管应在基坑开挖 1 周前埋设，埋设时应符合下列要求：

①埋设前应检查测斜管质量，测斜管连接时应保证上、下管段的导槽相互对准、顺畅，各段接头及管底应保证密封。

②测斜管埋设时应保持竖直，防止发生上浮、断裂、扭转；测斜管一对导槽的方向应与所需测量的位移方向保持一致。

③当采用钻孔法埋设时，测斜管与钻孔之间的孔隙应填充密实。

4）测斜仪探头置入测斜管底后，应待探头接近管内温度时再量测，每个监测点均应进行正、反两次量测。

5）当以上部管口作为深层水平位移的起算点时，每次监测均应测定管口坐标的变化并修正。

注：本内容参照《建筑基坑工程监测技术规范》（GB 50497—2009）第 6.4 节的规定。

（5）倾斜监测

1）建筑倾斜观测应根据现场观测条件和要求选用投点法、前方交会法、激光铅直仪法、垂吊法、倾斜仪法和差异沉降法等方法。当被测建筑具有明显的外部特征点和宽敞的观测场地时，宜选用投点法、前方交会法等；当被测建筑内部有一定的竖向通视条件时，宜选用垂吊法、激光铅直仪观测法等；当被测建筑具有较大的结构刚度和基础刚度时，可选用倾斜仪法或差异沉降法。

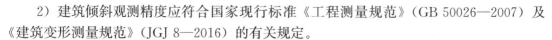

2）建筑倾斜观测精度应符合国家现行标准《工程测量规范》（GB 50026—2007）及《建筑变形测量规范》（JGJ 8—2016）的有关规定。

注：本内容参照《建筑基坑工程监测技术规范》（GB 50497—2009）第 6.5 节的规定。

（6）裂缝监测

1）裂缝监测应监测裂缝的位置、走向、长度、宽度，必要时尚应监测裂缝深度。

2）基坑开挖前应记录监测对象已有裂缝的分布位置和数量，测定其走向、长度、宽度和深度等情况，监测标志应具有可供量测的明晰端面或中心。

3）裂缝监测可采用以下方法：

① 裂缝宽度监测宜在裂缝两侧贴埋标志，用千分尺或游标卡尺等直接量测，也可用裂缝计、粘贴安装千分表量测或摄影量测等。

② 裂缝长度监测宜采用直接量测法。

③ 裂缝深度监测宜采用超声波法、凿出法等。

4）裂缝宽度量测精度不宜低于 0.1mm，裂缝长度和深度量测精度不宜低于 1mm。

注：本内容参照《建筑基坑工程监测技术规范》（GB 50497—2009）第 6.6 节的规定。

（7）支护结构内力监测

1）支护结构内力可采用安装在结构内部或表面的应变计或应力计进行量测。

2）混凝土构件可采用钢筋应力计或混凝土应变计等量测，钢构件可采用轴力计或应变计等量测。

3）内力监测值宜考虑温度变化等因素的影响。

4）应力计或应变计的量程宜为设计值的 2 倍，精度不宜低于 0.5%F·S，分辨率不宜低于 0.2%F·S。

5）内力监测传感器埋设前应进行性能检验和编号。

6）内力监测传感器宜在基坑开挖前至少 1 周埋设，并取开挖前连续 2d 获得的稳定测试数据的平均值作为初始值。

注：本内容参照《建筑基坑工程监测技术规范》（GB 50497—2009）第 6.7 节的规定。

（8）土压力监测

1）土压力宜采用土压力计量测。

2）土压力计的量程应满足被测压力的要求，其上限可取设计压力的 2 倍，精度不宜低于 0.5%F·S，分辨率不宜低于 0.2%F·S。

3）由于土压力计的结构形式和埋设部位不同，埋设方法很多，例如挂布法、顶入法、弹入法、插入法、钻孔法等。土压力计埋设在围护墙构筑期间或完成后均可进行。若在围护墙完成后进行，由于土压力计无法紧贴围护墙埋设，因而所测数据与围护墙上实际作用的土压力有一定差别。若土压力计埋设与围护墙构筑同期进行，则需解决好土压力计在围护墙迎土面上的安装问题。在水下浇筑混凝土过程中，要防止混凝土将面向土层的土压力计表面钢膜包裹，使其无法感应土压力作用，造成埋设失败。另外，还要保持土压力计的承压面与土的应力方向垂直。土压力计埋设可采用埋入式或边界式。埋设时应符合下列要求：

① 受力面与所监测的压力方向垂直并紧贴被监测对象。

② 埋设过程中应有土压力膜保护措施。

③ 采用钻孔法埋设时，回填应均匀密实，且回填材料宜与周围岩土体一致。

④ 做好完整的埋设记录。

4）土压力计埋设以后应立即进行检查测试，基坑开挖前应至少经过 1 周时间的监测并取得稳定初始值。

注：本内容参照《建筑基坑工程监测技术规范》（GB 50497—2009）第 6.8 节的规定。

（9）孔隙水压力监测

1）孔隙水压力宜通过埋设钢弦式或应变式等孔隙水压力计测试。

2）孔隙水压力计应满足以下要求：量程满足被测压力范围的要求，可取静水压力与超孔隙水压力之和的 2 倍；精度不宜低于 $0.5\%F \cdot S$，分辨率不宜低于 $0.2\%F \cdot S$。

3）孔隙水压力计埋设可采用压入法、钻孔法等。采用压入法时宜在无硬壳层的软土层中使用，或钻孔到软土层再采用压入的方法埋设；钻孔法若采用一钻孔多探头方法埋设则应保证封口质量，防止上、下层水压力形成贯通。

孔隙水压力探头埋设有两个关键，一是保证探头周围填沙渗水通畅和透水石不堵塞；二是防止上、下层水压力的贯通。

4）孔隙水压力计在埋设时有可能产生超孔隙水压力，要求孔隙水压力计在基坑施工前 2～3 周埋设，有利于超孔隙水压力的消散，得到的初始值更加合理，埋设前应符合下列要求：

① 孔隙水压力计应浸泡饱和，排除透水石中的气泡。

② 核查标定数据，记录探头编号，测读初始读数。

5）采用钻孔法埋设孔隙水压力计时，钻孔直径宜为 110～130mm，不宜使用泥浆护壁成孔，泥浆护壁成孔后钻孔不容易清洗干净，会引起孔隙水压力计前端透水石的堵塞，钻孔应圆直、干净；封口材料宜采用直径 10～20mm 的干燥膨润土球。

6）孔隙水压力计埋设后应测量初始值，且宜逐日量测 1 周以上并取得稳定初始值。

7）应在孔隙水压力监测的同时测量孔隙水压力计埋设位置附近的地下水位。量测静水位的变化，以便在计算中消除水位变化影响，获得真实的超孔隙水压力值。

注：本内容参照《建筑基坑工程监测技术规范》（GB 50497—2009）第 6.9 节的规定。

（10）地下水位监测

1）地下水位监测宜通过孔内设置水位管，采用水位计进行量测。有条件时也可考虑利用降水井进行地下水位监测。

2）地下水位量测精度不宜低于 10mm。

3）潜水水位管应在基坑施工前埋设，滤管长度应满足量测要求；承压水位监测时被测含水层与其他含水层之间应采取有效的隔水措施。潜水水位管滤管以上应用膨润土球封至孔口，防止地表水进入；承压水位管含水层以上部分应用膨润土球或注浆封孔。

4）水位管宜在基坑开始降水前至少 1 周埋设，且宜逐日连续观测水位并取得稳定初始值。

注：本内容参照《建筑基坑工程监测技术规范》（GB 50497—2009）第 6.10 节的规定。

（11）锚杆及土钉内力监测

1）锚杆和土钉的内力监测宜采用专用测力计、钢筋应力计或应变计，当使用钢筋束时宜监测每根钢筋的受力。

2）专用测力计、钢筋应力计和应变计的量程宜为对应设计值的 2 倍，量测精度不宜低于 0.5%F·S，分辨率不宜低于 0.2%F·S。

3）锚杆或土钉施工完成后应对专用测力计、应力计或应变计进行检查测试，并取下一层土方开挖前连续 2d 获得的稳定测试数据的平均值作为其初始值。

注：本内容参照《建筑基坑工程监测技术规范》（GB 50497—2009）第 6.11 节的规定。

（12）土体分层竖向位移监测

1）土体分层竖向位移可通过埋设磁环式分层沉降标，采用分层沉降仪进行量测；或者通过埋设深层沉降标，采用水准测量方法进行量测。

2）磁环式分层沉降标或深层沉降标应在基坑开挖前至少 1 周埋设。采用磁环式分层沉降标时，应保证沉降管安置到位后与土层密贴牢固。沉降管埋设时应先钻孔，再放入沉降管，沉降管和孔壁之间宜采用黏土水泥浆而不宜用砂进行回填。

3）土体分层竖向位移的初始值应在磁环式分层沉降标或深层沉降标埋设后量测，稳定时间不应少于 1 周并获得稳定的初始值。

4）采用分层沉降仪量测时，每次测量应重复 2 次并取其平均值作为测量结果，2 次读数较差不大于 1.5mm，沉降仪的系统精度不宜低于 1.5mm；采用深层沉降标结合水准测量时，水准监测精度宜参照表 1-6 确定。

5）采用磁环式分层沉降标监测时，每次监测均应测定沉降管口高程的变化，然后换算出沉降管内各监测点的高程。

注：本内容参照《建筑基坑工程监测技术规范》（GB 50497—2009）第 6.12 节的规定。

1.6.5 监测频率

1. 安全目标

合理的监测频率能系统反映监测对象所测项目的重要变化。

2. 安全保障措施

（1）基坑工程监测频率的确定应满足能系统反映监测对象所测项目的重要变化过程而又不遗漏其变化时刻的要求。

（2）基坑工程监测工作应贯穿于基坑工程和地下工程施工全过程。监测期应从基坑工程施工前开始，直至地下工程完成为止。对有特殊要求的基坑周边环境的监测应根据需要延续至变形趋于稳定后结束。

（3）监测项目的监测频率应综合考虑基坑类别、基坑及地下工程的不同施工阶段以及周边环境、自然条件的变化和当地经验而确定。当监测值相对稳定时，可适当降低监测频率。对于应测项目，在无数据异常和事故征兆的情况下，开挖后现场仪器监测频率可按表 1-7 确定。

现场仪器监测的监测频率 表 1-7

基坑类别	施工进程		基坑设计深度(m)			
			≤5	5~10	10~15	>15
一级	开挖深度(m)	≤5	1次/1d	1次/2d	1次/2d	1次/2d
		5~10	—	1次/1d	1次/1d	1次/1d
		>10	—	—	2次/1d	2次/1d
	底板浇筑后时间(d)	≤7	1次/1d	1次/1d	2次/1d	2次/1d
		7~14	1次/3d	1次/2d	1次/1d	1次/1d
		14~28	1次/5d	1次/3d	1次/2d	1次/1d
		>28	1次/7d	1次/5d	1次/3d	1次/3d
二级	开挖深度(m)	≤5	1次/2d	1次/2d	—	—
		5~10	—	1次/1d	—	—
	底板浇筑后时间(d)	≤7	1次/2d	1次/2d	—	—
		7~14	1次/3d	1次/3d	—	—
		14~28	1次/7d	1次/5d	—	—
		>28	1次/10d	1次/10d	—	—

注:1 有支撑的支护结构各道支撑开始拆除到拆除完成后 3d 内监测频率应为 1 次/1d;

2 基坑工程施工至开挖前的监测频率视具体情况确定;

3 当基坑类别为三级时,监测频率可视具体情况适当降低;

4 宜测、可测项目的仪器监测频率可视具体情况适当降低。

(4) 当出现下列情况之一时,应提高监测频率:

1) 监测数据达到报警值。

2) 监测数据变化较大或者速率加快。

3) 存在勘察未发现的不良地质。

4) 超深、超长开挖或未及时加撑等违反设计工况施工。

5) 基坑及周边大量积水、长时间连续降雨、市政管道出现泄漏。

6) 基坑附近地面荷载突然增大或超过设计限值。

7) 支护结构出现开裂。

8) 周边地面突发较大沉降或出现严重开裂。

9) 邻近建筑突发较大沉降、不均匀沉降或出现严重开裂。

10) 基坑底部、侧壁出现管涌、渗漏或流沙等现象。

11) 基坑工程发生事故后重新组织施工。

12) 出现其他影响基坑及周边环境安全的异常情况。

(5) 当有危险事故征兆时,应实时跟踪监测。

注:本内容参照《建筑基坑工程监测技术规范》(GB 50497—2009) 第 7 章的规定。

1.6.6 监测报警

1. 安全目标

当监测项目超过规定指标范围时,能及时作出危险报警,确保基坑安全。

2. 安全保障措施

（1）基坑工程监测必须确定监测报警值，监测报警值应满足基坑工程设计、地下结构设计以及周边环境中被保护对象的控制要求。监测报警值应由基坑工程设计方确定。

（2）基坑内、外地层位移控制应符合下列要求：

1）不得导致基坑的失稳。

2）不得影响地下结构的尺寸、形状和地下工程的正常施工。

3）对周边已有建筑引起的变形不得超过相关技术规范的要求或影响其正常使用。

4）不得影响周边道路、管线、设施等正常使用。

5）满足特殊环境的技术要求。

（3）基坑工程监测报警值应由监测项目的累计变化量和变化速率值共同控制。基坑工程工作状态一般分为正常、异常和危险三种情况。异常是指监测对象受力或变形呈现出不符合一般规律的状态。危险是指监测对象的受力或变形呈现出低于结构安全储备、可能发生破坏的状态。累计变化量反映的是监测对象即时状态与危险状态的关系，而变化速率反映的是监测对象发展变化的快慢。过大的变化速率，往往是突发事故的先兆。

（4）基坑及支护结构监测报警值应根据土质特征、设计结果及当地经验等因素确定；当无当地经验时，可根据土质特征、设计结果以及表 1-8 确定。

基坑及支护结构监测报警值　　　　　　　　　　表 1-8

序号	监测项目	支护结构类型	基坑类别								
			一级			二级			三级		
			累计值		变化速率 (mm/d)	累计值		变化速率 (mm/d)	累计值		变化速率 (mm/d)
			绝对值 (mm)	相对基坑深度(h)控制值		绝对值 (mm)	相对基坑深度(h)控制值		绝对值 (mm)	相对基坑深度(h)控制值	
1	围护墙（边坡）顶部水平位移	放坡、土钉墙、喷锚支护、水泥土墙	30~50	0.3%~0.4%	5~10	50~60	0.6%~0.8%	10~15	70~80	0.8%~1.0%	15~20
		钢板桩、灌注桩、型钢水泥土墙、地下连续墙	25~30	0.2%~0.3%	2~3	40~50	0.5%~0.7%	4~6	60~70	0.6%~0.8%	8~10
2	围护墙（边坡）顶部竖向位移	放坡、土钉墙、喷锚支护、水泥土墙	20~40	0.3%~0.4%	3~5	50~60	0.6%~0.8%	5~8	70~80	0.8%~1.0%	8~10
		钢板桩、灌注桩、型钢水泥土墙、地下连续墙	10~20	0.1%~0.2%	2~3	25~30	0.3%~0.5%	3~4	35~40	0.5%~0.6%	4~5
3	深层水平位移	水泥土墙	30~35	0.3%~0.4%	5~10	50~60	0.6%~0.8%	10~15	70~80	0.8%~1.0%	15~20
		钢板桩	50~60	0.6%~0.7%	2~3	80~85	0.7%~0.8%	4~6	90~100	0.9%~1.0%	8~10
		型钢水泥土墙	50~55	0.5%~0.6%		75~80	0.7%~0.8%		80~90	0.9%~1.0%	

续表

序号	监测项目	支护结构类型	基坑类别								
			一级			二级			三级		
			累计值		变化速率 (mm/d)	累计值		变化速率 (mm/d)	累计值		变化速率 (mm/d)
			绝对值 (mm)	相对基坑深度 (h) 控制值		绝对值 (mm)	相对基坑深度 (h) 控制值		绝对值 (mm)	相对基坑深度 (h) 控制值	
3	深层水平位移	灌注桩	45～50	0.4%～0.5%	2～3	70～75	0.6%～0.7%	4～6	70～80	0.8%～0.9%	8～10
		地下连续墙	40～50	0.4%～0.5%		70～75	0.7%～0.8%		80～90	0.9%～1.0%	
4	立柱竖向位移		25～35	—	2～3	35～45	—	4～6	55～65	—	8～10
5	基坑周边地表竖向位移		25～35	—	2～3	50～60	—	4～6	60～80	—	8～10
6	坑底隆起(回弹)		25～35	—	2～3	50～60	—	4～6	60～80	—	8～10
7	土压力		$(60\%～70\%)f_1$		—	$(70\%～80\%)f_1$		—	$(70\%～80\%)f_1$		—
8	孔隙水压力										
9	支撑内力		$(60\%～70\%)f_2$		—	$(70\%～80\%)f_2$		—	$(70\%～80\%)f_2$		—
10	围护墙内力										
11	立柱内力										
12	锚杆内力										

注：1 h 为基坑设计开挖深度，f_1 为荷载设计值，f_0 为构件承载能力设计值；

2 累计值取绝对值和相对基坑深度（h）控制值两者的小值；

3 当监测项目的变化速率达到表中规定值或连续 3d 超过该值的 70%，应报警；

4 嵌岩的灌注桩或地下连续墙位移报警值宜按表中数值的 50% 取用。

（5）基坑周边环境监测报警值应根据主管部门的要求确定，如果主管部门无具体规定，可按表 1-9 采用。

建筑基坑工程周边环境监测报警值　　　　　　　　　表 1-9

监测对象		项目	累计值 (mm)	变化速率 (mm/d)	备注
1	地下水位变化		1000	500	—
2	管线位移	刚性管道	压力	10～30	1～3	直接观察点数据
			非压力	10～40	3～5	
		柔性管线		10～40	3～5	
3	临近建筑位移		10～60	1～3	
4	裂缝宽度	建筑		1.5～3	持续发展	
		地表		10～15	持续发展	

注：建筑整体倾斜度累计值达到 2/1000 或倾斜速度连续 3d 大于 $0.0001H/d$（H 为建筑承重结构高度）时应报警。

（6）基坑周边建筑、管线的报警值除考虑基坑开挖造成的变形外，尚应考虑其原有变形的影响。

（7）当出现下列情况之一时。必须立即进行危险报警，并应对基坑支护结构和周边环境中的保护对象采取应急措施。

1）监测数据达到监测报警值的累计值。

2）基坑支护结构或周边土体的位移值突然明显增大或基坑出现流沙、管涌、隆起、陷落或较严重的渗漏等。

3）基坑支护结构的支撑或锚杆体系出现过大变形、压屈、断裂、松弛或拔出的迹象。

4）周边建筑的结构部分、周边地面出现较严重的突发裂缝或危害结构的变形裂缝。

5）周边管线变形突然明显增长或出现裂缝、泄漏等。

6）根据当地工程经验判断，出现其他必须进行危险报警的情况。

注：本内容参照《建筑基坑工程监测技术规范》（GB 50497—2009）第 8 章的规定。

1.6.7　数据处理与信息反馈

1. 安全目标

保证监测记录和监测成果的可追溯性。

2. 安全保障措施

（1）监测分析人员应具有岩土工程、结构工程、工程测量的综合知识和工程实践经验，具有较强的综合分析能力，能及时提供可靠的综合分析报告。

（2）现场量测人员应对监测数据的真实性负责，监测分析人员应对监测报告的可靠性负责，监测单位应对整个项目监测质量负责。监测记录和监测技术成果均应有责任人签字，监测技术成果应加盖成果章。

（3）现场的监测资料应符合下列要求：

1）使用正式的监测记录表格。

2）监测记录应有相应的工况描述。

3）监测数据的整理应及时。

4）对监测数据的变化及发展情况的分析和评述应及时。

（4）外业观测值和记事项目应在现场直接记录于观测记录表中。任何原始记录不得涂改、伪造和转抄。

（5）观测数据出现异常时，应分析原因，必要时应进行重测。

（6）监测项目数据分析应结合其他相关项目的监测数据和自然环境条件、施工工况等情况及以往数据进行，并对其发展趋势作出预测。

（7）技术成果应包括当日报表、阶段性报告和总结报告。技术成果提供的内容应真实、准确、完整，并宜用文字阐述与绘制变化曲线或图形相结合的形式表达。技术成果应按时报送。

（8）监测数据的处理与信息反馈宜采用专业软件，专业软件的功能和参数应符合规定，并宜具备数据采集、处理、分析、查询和管理一体化以及监测成果可视化的功能。

（9）基坑工程监测的观测记录、计算资料和技术成果应进行组卷、归档。

（10）当日报表应包括下列内容：

1）当日的天气情况和施工现场的工况。

2）仪器监测项目各监测点的本次测试值、单次变化值、变化速率以及累计值等，必要时绘制有关曲线图。

3）巡视检查的记录。

4）对监测项目应有正常或异常、危险的判断性结论。

5）对达到或超过监测报警值的监测点应有报警标示，并有分析和建议。

6）对巡视检查发现的异常情况应有详细描述，危险情况应有报警标示，并有分析和建议。

7）其他相关说明。

（11）阶段性报告应包括下列内容：

1）该监测阶段相应的工程、气象及周边环境概况。

2）该监测阶段的监测项目及测点的布置图。

3）各项监测数据的整理、统计及监测成果的过程曲线。

4）各监测项目监测值的变化分析、评价及发展预测。

5）相关的设计和施工建议。

（12）总结报告应包括下列内容：

1）工程概况。

2）监测依据。

3）监测项目。

4）监测点布置。

5）监测设备和监测方法。

6）监测频率。

7）监测报警值。

8）各监测项目全过程的发展变化分析及整体评述。

9）监测工作结论与建议。

注：本内容参照《建筑基坑工程监测技术规范》（GB 50497—2009）第 9 章的规定。

1.6.8 巡视检查

1. 安全目标

基坑工程监测既要保证基坑的安全，也要保证周边环境中市政、公用、供电、通信及人防、文物等的安全与正常使用。

2. 安全保障措施

（1）基坑工程巡视检查宜包括以下内容：

1）支护结构

① 支护结构成型质量；

② 冠梁、围檩、支撑有无裂缝出现；

③ 支撑、立柱有无较大变形；

④ 止水帷幕有无开裂、渗漏；

⑤ 墙后土体有无裂缝、沉陷及滑移；

⑥ 基坑有无涌土、流沙、管涌。

2）施工工况

① 开挖后暴露的土质情况与岩土勘察报告有无差异；

② 基坑开挖分段长度、分层厚度及支锚设置是否与设计要求一致；

③ 场地地表水、地下水排放状况是否正常，基坑降水、回灌设施是否运转正常；

④ 基坑周边地面有无超载。

3）周边环境

① 周边管道有无破损、泄漏情况；

② 周边建筑有无新增裂缝出现；

③ 周边道路（地面）有无裂缝、沉陷；

④ 邻近基坑及建筑的施工变化情况。

4）监测设施

① 基准点、监测点完好状况；

② 监测元件的完好及保护情况；

③ 有无影响观测工作的障碍物。

5）根据设计要求或当地经验确定的其他巡视检查内容。

注：本内容参照《建筑基坑工程监测技术规范》（GB 50497—2009）第 4.3.2 条的规定。

1.7　基坑上下梯道安全实施细则

📋《工程质量安全手册》第 4.1.7 条：

基坑内作业人员上下专用梯道符合规范及专项施工方案的要求。

📖 安全实施细则：

1.7.1　基坑上下梯道安全措施

1. 安全目标

保障基坑内施工作业人员上下时的安全。

2. 安全保障措施

基坑内宜设置供施工人员上下的专用梯道。梯道应设扶手栏杆，梯道的宽度不应小于 1m。梯道的搭设应符合相关安全规范的要求。

注：本内容参照《建筑施工土石方工程安全技术规范》（JGJ 180—2009）第 6.2.2 条的规定。

1.7.2　扣件式钢管脚手架斜道构造要求

1. 安全目标

保障基坑内施工作业人员上下时的安全。

2. 安全保障措施

（1）人行并兼作材料运输的斜道的型式宜按下列要求确定：

1）高度不大于6m的脚手架，宜采用一字型斜道；

2）高度大于6m的脚手架，宜采用之字型斜道。

（2）斜道的构造应符合下列规定：

1）运料斜道宽度不宜小于1.5m，坡度宜采用1∶6；人行斜道宽度不宜小于1m，坡度宜采用1∶3；

2）拐弯处应设置平台，其宽度不应小于斜道宽度；

3）斜道两侧及平台外围均应设置栏杆及挡脚板。栏杆高度应为1.2m，挡脚板高度不应小于180mm；

4）运料斜道两侧、平台外围和端部均应设置连墙件，每两步应加设水平斜杆；并应设置剪刀撑和横向斜撑。

（3）斜道脚手板构造应符合下列规定：

1）脚手板横铺时，应在横向水平杆下增设纵向支托杆，纵向支托杆间距不应大于500mm；

2）脚手板顺铺时，接头宜采用搭接；下面的板头应压住上面的板头，板头的凸棱处宜采用三角木填顺；

3）人行斜道和运料斜道的脚手板上应每隔250～300mm设置一根防滑木条，木条厚度宜为20～30mm。

注：本内容参照《建筑施工扣件式钢管脚手架安全技术规范》（JGJ 130—2011）第6.7节的规定。

1.8 基坑坡顶和周边安全实施细则

📋 《工程质量安全手册》第4.1.8条：

基坑坡顶地面无明显裂缝，基坑周边建筑物无明显变形。

📖 安全实施细则：

1.8.1 定期巡视

1. 安全目标
保证基坑周边建筑物的安全。

2. 安全保障措施
土方开挖过程中，应定期对基坑及周边环境进行巡视，随时检查基坑位移（土体裂缝）、倾斜、土体及周边道路沉陷或隆起、地下水涌出、管线开裂、不明气体冒出和基坑防护栏杆的安全性等。

注：本内容参照《建筑施工土石方工程安全技术规范》（JGJ 180—2009）第6.4.2条的规定。

1.8.2 安全监测

1. 安全目标

保证基坑周边建筑物的安全。

2. 安全保障措施

开挖深度大于等于 5m 或开挖深度小于 5m 但现场地质情况和周围环境较复杂的基坑工程以及其他需要监测的基坑工程应实施基坑工程监测。基坑监测的具体内容请参见本章相关内容。

注：本内容参照《建筑基坑工程监测技术规范》（GB 50497—2009）第 3.0.1 条的规定。

Chapter ▶▶ **02**

脚手架工程安全生产现场控制

2.1 一般规定

2.1.1 纵向、横向扫地杆设置要求

📋《工程质量安全手册》第 4.2.1（1）条：

作业脚手架底部立杆上设置的纵向、横向扫地杆符合规范及专项施工方案要求。

📖 **安全实施细则：**

1. 安全目标

作业脚手架底部立杆上设置的纵向、横向扫地杆，以保证立杆的稳定性。

2. 安全保障措施

作业脚手架底部立杆上应设置纵向和横向扫地杆。扫地杆是连接立杆根部的水平杆，是脚手架工程的一部分，扫地杆应距离地面 200mm。扫地杆分为纵向和横向扫地杆，起到脚手架稳定作用。横向扫地杆在纵向扫地杆的下面，通过横向扫地杆把力传给立杆再传至基础。

注：本内容参照《建筑施工脚手架安全技术统一标准》（GB 51210—2016）第 8.2.5 条的规定。

2.1.2 连墙件设置要求

📋《工程质量安全手册》第 4.2.1（2）条：

连墙件的设置符合规范及专项施工方案要求。

📖 **安全实施细则：**

1. 安全目标

按照要求设置连墙件，可以保证架体整体稳定，不宜发生倾倒事故。

2. 安全保障措施

作业脚手架应按设计计算和构造要求设置连墙件，并应符合下列规定：

（1）连墙件应采用能承受压力和拉力的构造，并应与建筑结构和架体连接牢固；

（2）连墙点的水平间距不得超过3跨，竖向间距不得超过3步，连墙点之上架体的悬臂高度不应超过2步；

（3）在架体的转角处、开口型作业脚手架端部应增设连墙件，连墙件的垂直间距不应大于建筑物层高，且不应大于4.0m。

注：本内容参照《建筑施工脚手架安全技术统一标准》（GB 51210—2016）第8.2.2条的规定。

2.1.3　架体步距、跨距要求

📋《工程质量安全手册》第4.2.1（3）条：

> 步距、跨距搭设符合规范及专项施工方案要求。

📖安全实施细则：

1. 安全目标

脚手架步距、跨距符合规范要求，可以保证脚手架整体的承载能力，不发生坍塌事故。

2. 安全保障措施

作业脚手架的宽度不应小于0.5m，且不宜大于1.2m。作业层高度不应小于1.7m，且不宜大于2.0m。

注：本内容参照《建筑施工脚手架安全技术统一标准》（GB 51210—2016）第8.2.1条的规定。

2.1.4　剪刀撑设置要求

📋《工程质量安全手册》第4.2.1（4）条：

> 剪刀撑的设置符合规范及专项施工方案要求。

📖安全实施细则：

1. 安全目标

按照规范要求设置剪刀撑，可以保证架体不发生竖向扭曲，最终保证架体的安全稳定。

2. 安全保障措施

（1）在作业脚手架的纵向外侧立面上应设置竖向剪刀撑，并应符合下列规定：

1）每道剪刀撑的宽度应为4～6跨，且不应小于6m，也不应大于9m；剪刀撑斜杆与水平面的倾角应在45°～60°之间；

2）搭设高度在24m以下时，应在架体两端、转角及中间每隔不超过15m各设置一道剪刀撑，并由底至顶连续设置；搭设高度在24m及以上时，应在全外侧立面上由底至顶连续设置；

3）悬挑脚手架、附着式升降脚手架应在全外侧立面上由底至顶连续设置。

（2）当采用竖向斜撑杆、竖向交叉拉杆替代作业脚手架竖向剪刀撑时，应符合下列规定：

1）在作业脚手架的端部、转角处应各设置一道；

2）搭设高度在 24m 以下时，应每隔 5～7 跨设置一道；搭设高度在 24m 及以上时，应每隔 1～3 跨设置一道；相邻竖向斜撑杆应朝向对称呈八字形设置（图 2-1）；

3）每道竖向斜撑杆、竖向交叉拉杆应在作业脚手架外侧相邻纵向立杆间由底至顶按步连续设置。

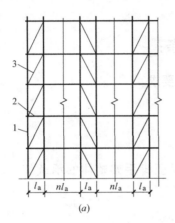 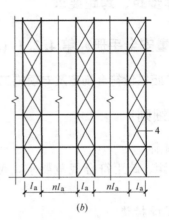

图 2-1 作业脚手架竖向斜撑杆布置示意
（a）竖向斜撑杆布置；（b）竖向交叉拉杆布置
1—立杆；2—水平杆；3—斜撑杆；4—交叉拉杆

注：本内容参照《建筑施工脚手架安全技术统一标准》（GB 51210—2016）第 8.2.3 和 8.2.4 条的规定。

2.1.5 架体基础设置要求

📋《工程质量安全手册》第 4.2.1（5）条：

架体基础符合规范及专项施工方案要求。

📖 安全实施细则：

1. 安全目标
合格基础能够保证架体不发生不均匀沉降，以确保架体的安全稳定。

2. 安全保障措施
（1）脚手架地基与基础的施工，应根据脚手架所受荷载、搭设高度、搭设场地土质情况进行。

（2）立杆垫板或底座底面标高宜高于自然地坪 50～100mm。

（3）脚手架基础经验收合格后，应按施工组织设计或专项方案的要求放线定位。

（4）脚手架搭设场地应进行清理、平整，并排水通畅。回填土地面必须分层回填，逐层夯实，对脚手架基础可按表 2-1 的要求进行处理。

地基基础要求　　　　　　　　　　　　　　　　表 2-1

搭设高度 （m）	地基土质		
	中低压缩性且压缩性均匀	回填土	高压缩性或压缩性不均匀
≤24	夯实原土，干重力密度要求 15.5kN/m³，立杆底座置于面积不小于 0.075m² 的垫木上	土夹石或素土回填夯实，立杆底座置于面积不小于 0.10m² 垫木上	夯实原土，铺设宽度不小于 200mm 的通长槽钢或垫木
24～40	垫木面积不小于 0.1m²，其余同上	砂夹石回填夯实，其余同上	夯实原土，在搭设地面铺设 C15 混凝土，厚度不小于 150mm
40～55	混凝土垫块或垫木面积不小于 0.15m²，或铺通长垫木，其余同上	砂夹石回填夯，实混凝土垫块或垫木面积不小于 0.15m²，或铺通长垫木	夯实原土，在搭设地面铺设 C15 混凝土，厚度不小于 200mm

注：表中混凝土垫块厚度不小于 200mm；垫木厚度不小于 50mm，宽度不小于 200mm，通长垫木的长度不小于 1500mm。

注：本内容参照《建筑施工扣件式钢管脚手架安全技术规范》（JGJ 130—2011）第 7.2 节的规定。

2.1.6 架体材料和构配件要求

📋《工程质量安全手册》第 4.2.1（6）条：

架体材料和构配件符合规范及专项施工方案要求，扣件按规定进行抽样复试。

📖安全实施细则：

1. 安全目标

合格的架体材料和构配件是保证整个架体安全稳定的基础。

2. 安全保障措施

（1）脚手架所用钢管材质应符合规定。钢管外径、壁厚、外形允许偏差应符合表 2-2 的规定。

钢管外径、壁厚、外形允许偏差　　　　　　　　　　表 2-2

偏差项目 钢管直径(mm)	外径 （mm）	壁厚	外形偏差		
			弯曲度 （mm/m）	椭圆度 （mm）	管端截面
≤20	±0.3	±10%·S	1.5	0.23	与轴线垂直、无毛刺
21～30	±0.5			0.38	
31～40					
41～50			2		
51～70	±1.0%			7.5/1000·D	

注：S 为钢管壁厚；D 为钢管直径。

（2）脚手架所使用的型钢、钢板、圆钢应符合国家现行相关标准的规定。

（3）铸铁或铸钢制作的构配件材质应符合现行国家标准的规定。

（4）木脚手架主要受力杆件应选用剥皮杉木或落叶松木，立杆、斜撑杆、水平杆及连墙杆应符合规定。

（5）竹脚手架主要受力杆件应选用生长期为3～4年的毛竹，竹杆应挺直、坚韧，不得使用枯脆、腐烂、虫蛀及裂纹连通两节以上的竹杆。

（6）脚手板应满足强度、耐久性和重复使用要求，冲压钢板脚手板的钢板厚度不宜小于1.5mm，板面冲孔内切圆直径应小于25mm。

（7）底座和托座应经设计计算后加工制作，应符合下列要求：

1）底座的钢板厚度不得小于6mm，托座U形钢板厚度不得小于5mm，钢板与螺杆应采用环焊，焊缝高度不应小于钢板厚度，并宜设置加劲板；

2）可调底座和可调托座螺杆插入脚手架立杆钢管的配合公差应小于2.5mm；

3）可调底座和可调托座螺杆与可调螺母啮合的承载力应高于可调底座和可调托座的承载力，应通过计算确定螺杆与调节螺母啮合的齿数，螺母厚度不得小于30mm。

（8）材料、构配件几何参数的标准值，应采用设计规定的公称值；工厂化生产的构配件几何参数实测平均值应符合设计公称值。

（9）钢丝绳、钢筋吊环或预埋锚固螺栓材质应符合现行国家标准的规定。

（10）金属类脚手架的结构连接材料应符合下列规定：

1）手工焊接所采用的焊条应符合规定，选择的焊条型号应与所焊接金属物理性能相适应。

2）自动焊接或半自动焊接所采用的焊丝应符合规定，选择的焊丝和焊剂应与被焊金属物理性能相适应。

（11）脚手架挂扣式连接、承插式连接的连接件应有防止退出或防止脱落的措施。

（12）周转使用的脚手架杆件、构配件应制定维修检验标准，每使用一个安装拆除周期后，应及时检查、分类、维护、保养，对不合格品应及时报废。

（13）脚手架构配件应具有良好的互换性，且可重复使用。构配件出厂质量应符合国家现行相关产品标准的要求，杆件、构配件的外观质量应符合下列规定：

1）不得使用带有裂纹、折痕、表面明显凹陷、严重锈蚀的钢管；

2）铸件表面应光滑，不得有砂眼、气孔、裂纹、浇冒口残余等缺陷，表面粘砂应清除干净；

3）冲压件不得有毛刺、裂纹、明显变形、氧化皮等缺陷；

4）焊接件的焊缝应饱满，焊渣应清除干净，不得有未焊透、夹渣、咬肉、裂纹等缺陷。

（14）工厂化制作的构配件应有生产厂的标志。

注：本内容参照《建筑施工脚手架安全技术统一标准》（GB 51210—2016）第4章的规定。

2.1.7 脚手架上荷载要求

📋《工程质量安全手册》第4.2.1（7）条：

脚手架上严禁集中荷载。

安全实施细则：

1. 安全目标

脚手架上严禁集中荷载，是为了防止架体集中荷载过大造成架体变形，最终坍塌。

2. 安全保障措施

（1）作业层上的施工荷载应符合设计要求，不得超载。不得将模板支架、缆风绳、泵送混凝土和砂浆的输送管等固定在架体上；严禁悬挂起重设备，严禁拆除或移动架体上安全防护设施。

（2）满堂支撑架顶部的实际荷载不得超过设计规定。

注：本内容参照《建筑施工扣件式钢管脚手架安全技术规范》（JGJ 130—2011）第9.0.5和9.0.7条的规定。

2.1.8　架体封闭设置要求

《工程质量安全手册》第4.2.1（8）条：

架体的封闭符合规范及专项施工方案要求。

安全实施细则：

1. 安全目标

架体的封闭除了美观以外，主要是保证作业人员的人身安全。

2. 安全保障措施

（1）脚手板应铺设牢靠、严实，并应用安全网双层兜底。施工层以下每隔10m应用安全网封闭。

（2）单、双排脚手架、悬挑式脚手架沿架体外围应用密目式安全网全封闭，密目式安全网宜设置在脚手架外立杆的内侧，并应与架体绑扎牢固。

注：本内容参照《建筑施工扣件式钢管脚手架安全技术规范》（JGJ 130—2011）第9.0.11和9.0.12条的规定。

2.1.9　脚手板铺设要求

《工程质量安全手册》第4.2.1（9）条：

脚手架上脚手板的设置符合规范及专项施工方案要求。

安全实施细则：

1. 安全目标

脚手架上脚手板铺设应符合规范要求，可避免发生翻板等事故，从而造成人员伤亡。

2. 安全保障措施

（1）作业脚手架的作业层上应满铺脚手板，并应采取可靠的连接方式与水平杆固定。

当作业层边缘与建筑物间隙大于150mm时，应采取防护措施。作业层外侧应设置栏杆和挡脚板。

注：本内容参照《建筑施工脚手架安全技术统一标准》（GB 51210—2016）第8.2.8条的规定。

（2）脚手板的设置应符合下列规定：

1）作业层脚手板应铺满、铺稳、铺实；

2）冲压钢脚手板、木脚手板、竹串片脚手板等，应设置在三根横向水平杆上。当脚手板长度小于2m时，可采用两根横向水平杆支承，但应将脚手板两端与横向水平杆可靠固定，严防倾翻。脚手板的铺设应采用对接平铺或搭接铺设。脚手板对接平铺时，接头处应设两根横向水平杆，脚手板外伸长度应取130～150mm，两块脚手板外伸长度的和不应大于300mm（图2-2a）；脚手板搭接铺设时，接头应支在横向水平杆上，搭接长度不应小于200mm，其伸出横向水平杆的长度不应小于100mm（图2-2b）。

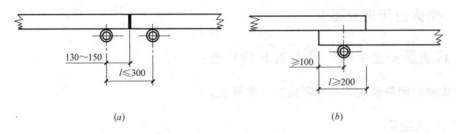

图2-2　脚手板对接、搭接构造

（a）脚手板对接；（b）脚手板搭接

3）竹笆脚手板应按其主竹筋垂直于纵向水平杆方向铺设，且应对接平铺，四个角应用直径不小于1.2mm的镀锌钢丝固定在纵向水平杆上。

4）作业层端部脚手板探头长度应取150mm，其板的两端均应固定于支承杆件上。

注：本内容参照《建筑施工扣件式钢管脚手架安全技术规范》（JGJ 130—2011）第6.2.4条的规定。

2.2　附着式升降脚手架安全实施细则

2.2.1　附着支座设置

📋《工程质量安全手册》第4.2.2（1）条：

> 附着支座设置符合规范及专项施工方案要求。

📖安全实施细则：

1. 安全目标

附着支座设置符合规范及专项施工方案要求，是为了保证附着式升降脚手架的整体稳定。

2. 安全保障措施

附着支承结构应包括附墙支座、悬臂梁及斜拉杆，其构造应符合下列规定：

（1）竖向主框架所覆盖的每一楼层处应设置一道附墙支座；

（2）在使用工况时，应将竖向主框架固定于附墙支座上；

（3）在升降工况时，附墙支座上应设有防倾、导向的结构装置；

（4）附墙支座应采用锚固螺栓与建筑物连接，受拉螺栓的螺母不得少于二个或应采用弹簧垫片加单螺母，螺杆露出螺母端部的长度不应少于3扣，且不得小于10mm，垫板尺寸应由设计确定，且不得小于100mm×100mm×10mm；

（5）附墙支座支承在建筑物上连接处混凝土的强度应按设计要求确定，但不得小于C10。

注：本内容参照《建筑施工工具式脚手架安全技术规范》（JGJ 202—2010）第 4.4.5 条的规定。

2.2.2　防坠落、防倾覆装置

 《工程质量安全手册》第 4.2.2（2）条：

防坠落、防倾覆安全装置符合规范及专项施工方案要求。

安全实施细则：

1. 安全目标

防坠落安全装置的设置是保证升降脚手架升降作业的安全；防倾覆装置是保证脚手架不发生倾覆事故。

2. 安全保障措施

（1）防倾覆装置应符合下列规定：

1）防倾覆装置中必须包括导轨和两个以上与导轨连接的可滑动的导向件；

2）在防倾覆导向件的范围内应设置防倾覆导轨，且应与竖向主框架可靠连接；

3）在升降和使用两种工况下，最上和最下两个导向件之间的最小间距不得小于2.8m或架体高度的1/4；

4）应具有防止竖向主框架倾斜的功能；

5）应用螺栓与附墙支座连接，其装置与导向杆之间的间隙不应大于5mm。

注：本内容参照《建筑施工工具式脚手架安全技术规范》（JGJ 202—2010）第 4.5.2 条的规定。

（2）防坠落装置必须符合下列规定：

1）防坠落装置应设置在竖向主框架处并附着在建筑结构上，每一升降点不得少于一个防坠落装置，防坠落装置在使用和升降工况下都必须起作用；

2）防坠落装置必须是机械式的全自动装置，严禁使用每次升降都需重组的手动装置；

3）防坠落装置技术性能除应满足承载能力要求外，还应符合表 2-3 的规定。

防坠落装置技术性能　　　　　　　　　　　　　　　表 2-3

脚手架类别	制动距离（mm）
整体式升降脚手架	≤80
单片式升降脚手架	≤150

4) 防坠落装置应具有防尘、防污染的措施，并应灵敏可靠和运转自如；

5) 防坠落装置与升降设备必须分别独立固定在建筑结构上；

6) 钢吊杆式防坠落装置，钢吊杆规格应由计算确定，且不应小于 ϕ25mm。

注：本内容参照《建筑施工工具式脚手架安全技术规范》（JGJ 202—2010）第 4.5.3 条的规定。

2.2.3 同步升降控制装置

📋《工程质量安全手册》第 4.2.2（3）条：

同步升降控制装置符合规范及专项施工方案要求。

📖 安全实施细则：

1. 安全目标

同步升降控制装置是保证架体整体升降的关键。

2. 安全保障措施

（1）附着式升降脚手架升降时，必须配备有限制荷载或水平高差的同步控制系统。连续式水平支承桁架，应采用限制荷载自控系统；简支静定水平桁架，应采用水平高差同步自控系统；若设备受限时，可选择限制荷载自控系统。

（2）限制荷载自控系统应具有下列功能：

1) 当某一机位的荷载超过设计值的 15% 时，应采用声光形式自动报警和显示报警机位；当超过 30% 时，应能使该升降设备自动停机；

2) 应具有超载、失载、报警和停机的功能；宜增设显示记忆和储存功能；

3) 应具有本身故障报警功能，并应能适应施工现场环境；

4) 性能应可靠、稳定，控制精度应在 5% 以内。

（3）水平高差同步控制系统应具有下列功能：

1) 当水平支承桁架两端高差达到 30mm 时，应能自动停机；

2) 应具有显示各提升点的实际升高和超高的数据，并应有记忆和储存的功能；

3) 不得采用附加重量的措施控制同步。

注：本内容参照《建筑施工工具式脚手架安全技术规范》（JGJ 202—2010）第 4.5.4 条的规定。

2.2.4 构造尺寸

📋《工程质量安全手册》第 4.2.2（4）条：

构造尺寸符合规范及专项施工方案要求。

📖**安全实施细则：**

1. 安全目标

构造尺寸符合规范及专项施工方案要求，是为了保证架体整体的安全稳定。

2. 安全保障措施

附着式升降脚手架结构构造的尺寸应符合下列规定：

（1）架体结构高度不应大于 5 倍楼层高；

（2）架体宽度不应大于 1.2m；

（3）直线布置的架体支承跨度不应大于 7m，折线或曲线布置的架体，相邻两主框架支承点处架体外侧距离不得大于 5.4m；

（4）架体的水平悬挑长度不得大于 2m，且不得大于跨度的 1/2。

（5）架体全高与支承跨度的乘积不应大于 110m²。

注：本内容参照《建筑施工工具式脚手架安全技术规范》（JGJ 202—2010）第 4.4.2 条的规定。

2.3 悬挑式脚手架安全实施细则

2.3.1 型钢锚固长度及锚固混凝土强度

📋《工程质量安全手册》第 4.2.3（1）条：

型钢锚固段长度及锚固型钢的主体结构混凝土强度符合规范及专项施工方案要求。

📖**安全实施细则：**

1. 安全目标

保证架体不发生倾覆事故，保证作业人员的人身安全。

2. 安全保障措施

（1）悬挑钢梁悬挑长度应按设计确定，固定段长度不应小于悬挑段长度的 1.25 倍。

（2）锚固位置设置在楼板上时，楼板的厚度不宜小于 120mm。如果楼板的厚度小于 120mm 应采取加固措施。

（3）锚固型钢的主体结构混凝土强度等级不得低于 C20。

注：本内容参照《建筑施工扣件式钢管脚手架安全技术规范》（JGJ 130—2011）第 6.10.5、6.10.8 和 6.10.12 条的规定。

2.3.2 悬挑钢梁卸荷钢丝绳设置

📋《工程质量安全手册》第 4.2.3（2）条：

悬挑钢梁卸荷钢丝绳设置方式符合规范及专项施工方案要求。

📖**安全实施细则：**

1. 安全目标

保证架体的整体稳定性。

2. 安全保障措施

每个型钢悬挑梁外端宜设置钢丝绳或钢拉杆与上一层建筑结构斜拉结（图2-3），钢丝绳、钢拉杆不得作为悬挑支撑结构的受力构件。

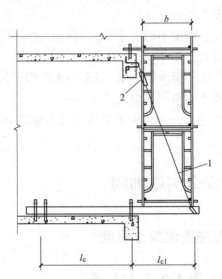

图 2-3　型钢悬挑梁端钢丝绳与建筑结构拉结

1—钢丝绳；2—花篮螺栓

注：本内容参照《建筑施工门式钢管脚手架安全技术规范》（JGJ 128—2010）第6.9.11条的规定。

2.3.3　悬挑钢梁的固定方式

📋**《工程质量安全手册》第4.2.3（3）条：**

悬挑钢梁的固定方式符合规范及专项施工方案要求。

📖**安全实施细则：**

1. 安全目标

保证架体的承载能力满足施工要求。

2. 安全保障措施

（1）型钢悬挑梁锚固段长度应不小于悬挑段长度的 1.25 倍，悬挑支承点应设置在建筑结构的梁板上，不得设置在外伸阳台或悬挑楼板上（有加固措施的除外）（图2-4）。

（2）型钢悬挑梁的锚固段压点应采用不少于2个（对）的预埋U形钢筋拉环或螺栓固定；锚固位置的楼板厚度不应小于100mm，混凝土强度不应低于20MPa。U形钢筋拉

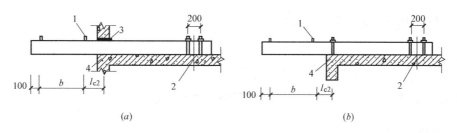

图 2-4 型钢悬挑梁在主体结构上的设置

(a) 型钢悬挑梁穿墙设置；(b) 型钢悬挑梁楼面设置

1—DN25 短钢管与钢梁焊接；2—锚固段压点；3—木楔；4—钢板（150mm×100mm×10mm）

环或螺栓应埋设在梁板下排钢筋的上边，并与结构钢筋焊接或绑扎牢固，锚固长度应符合现行国家标准《混凝土结构设计规范》GB 50010 中钢筋锚固的规定（图 2-5）。

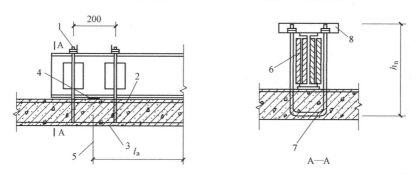

图 2-5 型钢悬挑梁与楼板固定

1—锚固螺栓；2—负弯矩钢筋；3—建筑结构楼板；4—钢板；5—锚固螺栓中心；

6—木楔；7—锚固钢筋（2ϕ18 长 1500mm）；8—角钢

注：本内容参照《建筑施工门式钢管脚手架安全技术规范》（JGJ 128—2010）第 6.9.2 和 6.9.4 条的规定。

2.3.4 底层封闭

📋 《工程质量安全手册》第 4.2.3（4）条：

底层封闭符合规范及专项施工方案要求。

📖 **安全实施细则：**

1. 安全目标

为了更好的防止物料坠落和保证作业人员的人身安全。

2. 安全保障措施

悬挑脚手架在底层应满铺脚手板，并应将脚手板与型钢梁连接牢固。

注：本内容参照《建筑施工门式钢管脚手架安全技术规范》（JGJ 128—2010）第 6.9.12 条的规定。

2.3.5　悬挑钢梁端立杆定位点

📋《工程质量安全手册》第 4.2.3（5）条：

悬挑钢梁端立杆定位点符合规范及专项施工方案要求。

📖安全实施细则：

1. 安全目标
正确的定位点可以保证架体的整体安全稳定。
2. 安全保障措施
型钢悬挑梁悬挑端应设置能使脚手架立杆与钢梁可靠固定的定位点，定位点离悬挑梁端部不应小于 100mm。
注：本内容参照《建筑施工扣件式钢管脚手架安全技术规范》（JGJ 130—2011）第 6.10.7 条的规定。

2.4　高处作业吊篮安全实施细则

2.4.1　限位装置

📋《工程质量安全手册》第 4.2.4（1）条：

各限位装置齐全有效。

📖安全实施细则：

1. 安全目标
安装上限位装置保证吊篮不冒顶。
2. 安全保障措施
吊篮应安装上限位装置，宜安装下限位装置。
注：本内容参照《建筑施工工具式脚手架安全技术规范》（JGJ 202—2010）第 5.5.3 条的规定。

2.4.2　安全锁

📋《工程质量安全手册》第 4.2.4（2）条：

安全锁必须在有效的标定期限内。

📖安全实施细则：

1. 安全目标
安全锁与安全带和安全绳配套使用，防止人员坠落的单向自动锁紧的防护用具。

2. 安全保障措施

安全锁扣的部件应完好、齐全，规格和方向标识应清晰可辨。

注：本内容参照《建筑施工工具式脚手架安全技术规范》（JGJ 202—2010）第 5.5.1 （3）条的规定。

2.4.3 吊篮内作业人员数量

📋 《工程质量安全手册》第 4.2.4 （3）条：

吊篮内作业人员不应超过 2 人。

📖 **安全实施细则：**

1. 安全目标

出现坠落事故时减少人员伤亡。

2. 安全保障措施

吊篮内的作业人员不应超过 2 个。主要是考虑吊篮作业面小，出现坠落事故时，减少人员伤亡，将上人数量控制在 2 人。

注：本内容参照《建筑施工工具式脚手架安全技术规范》（JGJ 202—2010）第 5.5.8 条的规定。

2.4.4 安全绳

📋 《工程质量安全手册》第 4.2.4 （4）条：

安全绳的设置和使用符合规范及专项施工方案要求。

📖 **安全实施细则：**

1. 安全目标

为作业人员挂设安全带使用。

2. 安全保障措施

高处作业吊篮应设置作业人员专用的挂设安全带的安全绳及安全锁扣。安全绳应固定在建筑物可靠位置上不得与吊篮上任何部位有连接，并应符合下列规定：

1）安全绳应符合要求，其直径应与安全锁扣的规格相一致；

2）安全绳不得有松散、断股、打结现象；

3）安全锁扣的部件应完好、齐全，规格和方向标识应清晰可辨。

注：本内容参照《建筑施工工具式脚手架安全技术规范》（JGJ 202—2010）第 5.5.1 条的规定。

2.4.5 吊篮机构前支架设置

📋 《工程质量安全手册》第 4.2.4 （5）条：

吊篮悬挂机构前支架设置符合规范及专项施工方案要求。

📖**安全实施细则：**

1. 安全目标

为了保证吊篮机构能够获得足够的承载能力。

2. 安全保障措施

（1）悬挂机构前支架严禁支撑在女儿墙上、女儿墙外或建筑物挑檐边缘。

（2）悬挂机构前支架应与支撑面保持垂直，脚轮不得受力。

注：本内容参照《建筑施工工具式脚手架安全技术规范》（JGJ 202—2010）第5.4.7和5.4.13条的规定。

2.4.6　吊篮配重

📋**《工程质量安全手册》第4.2.4（6）条：**

吊篮配重件重量和数量符合说明书及专项施工方案要求。

📖**安全实施细则：**

1. 安全目标

保证吊篮不发生坠落事故。

2. 安全保障措施

配重件应稳定可靠地安放在配重架上，并应有防止随意移动的措施。严禁使用破损的配重件或其他替代物。配重件的重量应符合设计规定。

注：本内容参照《建筑施工工具式脚手架安全技术规范》（JGJ 202—2010）第5.4.10条的规定。

2.5　操作平台安全实施细则

2.5.1　移动式操作平台

📋**《工程质量安全手册》第4.2.5（1）条：**

移动式操作平台的设置符合规范及专项施工方案要求。

📖**安全实施细则：**

1. 安全目标

保证作业平台上的作业人员人身安全。

2. 安全保障措施

（1）移动式操作平台面积不宜大于$10m^2$，高度不宜大于5m，高宽比不应大于2∶1，施工荷载不应大于$1.5kN/m^2$。

（2）移动式操作平台的轮子与平台架体连接应牢固，立柱底端离地面不得大于80mm，行走轮和导向轮应配有制动器或刹车闸等制动措施。

（3）移动式行走轮承载力不应小于5kN，制动力矩不应小于2.5N·m。移动式操作平台架体应保持垂直，不得弯曲变形，制动器除在移动情况外，均应保持制动状态。

（4）移动式操作平台移动时，操作平台上不得站人。

（5）移动式操作平台（图2-6）次梁的恒荷载（永久荷载）中的自重，钢管应以0.04kN/m计，铺板应以0.22kN/m²计；施工荷载（可变荷载）应以1kN/m²计算，并应符合下列规定：

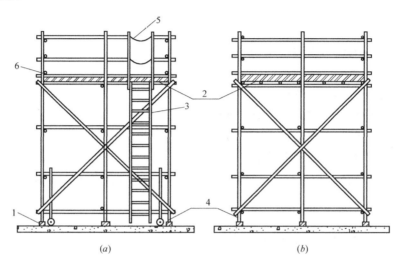

图 2-6　移动式操作平台示意（单位：mm）

（a）立面图；（b）侧面图

1—木楔；2—竹笆或木板；3—梯子；4—带锁脚轮；5—活动防护绳；6—挡脚板

1）次梁承受的可变荷载为均布荷载时，应按式（2-1）计算最大弯矩设计值：

$$M_c = \gamma_G \frac{1}{8} q_{c_h} L_{0c}^2 + \gamma_Q \frac{1}{8} q_{c_k} L_{0c}^2 \tag{2-1}$$

式中　M_c——次梁最大弯矩设计值（N·mm）；

　　　q_{c_h}——次梁上等效均布恒荷载标准值（N/mm）；

　　　q_{c_k}——次梁上等效均布可变荷载标准值（N/mm）；

　　　γ_G——恒荷载分项系数；

　　　γ_Q——可变荷载分项系数；

　　　L_{0c}——次梁的计算跨度（mm）。

2）次梁承受的可变荷载为集中荷载时，应按式（2-2）计算最大弯矩设计值：

$$M_c = \gamma_G \frac{1}{8} q_{c_h} L_{0c}^2 + \gamma_Q \frac{1}{4} F_{c_k} L_{0c} \tag{2-2}$$

式中　F_{c_k}——次梁上的集中可变荷载标准值（N），可按1kN计。

3）取以上两项弯矩设计值中的较大值按公式（2-4）计算次梁抗弯强度。

（6）移动式操作平台主梁的最大弯矩应以立杆为支撑点按等效均布荷载来计算，等效均布荷载包括次梁传递的恒荷载和施工可变荷载、主梁自重恒荷载，并应符合下列规定：

1）当立杆为 3 根时，可按式（2-3）计算位于中间立杆上部的主梁最大负弯矩设计值：

$$M_y = -\frac{1}{8}qL_{0y}^2 \qquad (2\text{-}3)$$

式中　M_y——主梁最大弯矩设计值（N·mm）；

　　　q——主梁上的等效均布荷载设计值（N/mm）；

　　　L_{0y}——主梁计算跨度（mm）。

2）以上项弯矩设计值按式（2-4）计算主梁抗弯强度：

$$\sigma_1 = \frac{\gamma_0 M}{W_n} \leqslant f_1 \qquad (2\text{-}4)$$

式中　σ_1——杆件的受弯应力（N/mm²）；

　　　γ_0——结构重要性系数；

　　　M——上横杆的最大弯矩设计值（N·mm）；

　　　W_n——上横杆的净截面抵抗矩（mm³）；

　　　f_1——杆件的抗弯强度设计值（N/mm²）；

（7）立杆计算应符合下列规定：

1）中间立杆应按轴心受压构件计算抗压强度，并应符合式（2-5）要求：

$$\sigma_2 = \frac{N_z}{A_n} \leqslant f_2 \qquad (2\text{-}5)$$

式中　σ_2——立杆的受压应力（N/mm²）；

　　　N_z——立杆的轴心压力设计值（N）；

　　　A_n——立杆净截面面积（mm²）；

　　　f_2——立杆的抗压强度设计值（N/mm²）。

2）立杆尚应按式（2-6）计算其稳定性：

$$\frac{N_z}{\phi A} \leqslant f_2 \qquad (2\text{-}6)$$

式中　ϕ——轴心受压构件的稳定系数；

　　　A——立杆毛截面面积（mm²）。

注：本内容参照《建筑施工高处作业安全技术规范》（JGJ 80—2016）第 6.2 节的规定。

2.5.2　落地式操作平台

📋 **《工程质量安全手册》第 4.2.5（2）条：**

落地式操作平台的设置应符合规范及专项施工方案要求。

📖 **安全实施细则：**

1. 安全目标

保证操作平台整体稳定，以及作业人员的安全。

2. 安全保障措施

（1）落地式操作平台架体构造应符合下列规定：

1）操作平台高度不应大于 18m，高宽比不应大于 3∶1；

2）施工平台的施工荷载不应大于 $2.0kN/m^2$；当接料平台的施工荷载大于 $2.0kN/m^2$ 时，应进行专项设计；

3）操作平台应与建筑物进行刚性连接或加设防倾措施，不得与脚手架连接；

4）用脚手架搭设操作平台时，其立杆间距和步距等结构要求应符合国家现行相关脚手架规范的规定；应在立杆下部设置底座或垫板、纵向与横向扫地杆，并应在外立面设置剪刀撑或斜撑；

5）操作平台应从底层第一步水平杆起逐层设置连墙件，且连墙件间隔不应大于 4m，并应设置水平剪刀撑。连墙件应为可承受拉力和压力的构件，并应与建筑结构可靠连接。

（2）落地式操作平台搭设材料及搭设技术要求、允许偏差应符合国家现行相关脚手架标准的规定。

（3）落地式操作平台应按国家现行相关脚手架标准的规定计算受弯构件强度、连接扣件抗滑承载力、立杆稳定性、连墙杆件强度与稳定性及连接强度、立杆地基承载力等。

（4）落地式操作平台一次搭设高度不应超过相邻连墙件以上两步。

（5）落地式操作平台拆除应由上而下逐层进行，严禁上下同时作业，连墙件应随施工进度逐层拆除。

（6）落地式操作平台检查验收应符合下列规定：

1）操作平台的钢管和扣件应有产品合格证；

2）搭设前应对基础进行检查验收，搭设中应随施工进度按结构层对操作平台进行检查验收；

3）遇 6 级以上大风、雷雨、大雪等恶劣天气及停用超过 1 个月，恢复使用前，应进行检查。

注：本内容参照《建筑施工高处作业安全技术规范》（JGJ 80—2016）第 6.3 节的规定。

2.5.3 悬挑式操作平台

📋《工程质量安全手册》第 4.2.5（3）条：

悬挑式操作平台的设置应符合规范及专项施工方案要求。

📖 **安全实施细则：**

1. 安全目标

保证平台稳定，不发生坠落事故。

2. 安全保障措施

（1）悬挑式操作平台设置应符合下列规定：

1）操作平台的搁置点、拉结点、支撑点应设置在稳定的主体结构上，且应可靠连接；

2）严禁将操作平台设置在临时设施上；

3）操作平台的结构应稳定可靠，承载力应符合设计要求。

（2）悬挑式操作平台的悬挑长度不宜大于 5m，均布荷载不应大于 $5.5kN/m^2$，集中荷载不应大于 15kN，悬挑梁应锚固固定。

（3）采用斜拉方式的悬挑式操作平台，平台两侧的连接吊环应与前后两道斜拉钢丝绳连接，每一道钢丝绳应能承载该侧所有荷载。

（4）采用支承方式的悬挑式操作平台，应在钢平台下方设置不少于两道斜撑，斜撑的一端应支承在钢平台主结构钢梁下，另一端应支承在建筑物主体结构。

（5）采用悬臂梁式的操作平台，应采用型钢制作悬挑梁或悬挑桁架，不得使用钢管，其节点应采用螺栓或焊接的刚性节点。当平台板上的主梁采用与主体结构预埋件焊接时，预埋件、焊缝均应经设计计算，建筑主体结构应同时满足强度要求。

（6）悬挑式操作平台应设置 4 个吊环，吊运时应使用卡环，不得使吊钩直接钩挂吊环。吊环应按通用吊环或起重吊环设计，并应满足强度要求。

（7）悬挑式操作平台安装时，钢丝绳应采用专用的钢丝绳夹连接，钢丝绳夹数量应与钢丝绳直径相匹配，且不得少于 4 个。建筑物锐角、利口周围系钢丝绳处应加衬软垫物。

（8）悬挑式操作平台的外侧应略高于内侧；外侧应安装防护栏杆并应设置防护挡板全封闭。

（9）人员不得在悬挑式操作平台吊运、安装时上下。

（10）悬挑式操作平台（图 2-7、图 2-8）应采用型钢作主梁与次梁，满铺厚度不应小于 50mm 的木板或同等强度的其他材料，并应采用螺栓与型钢梁固定。

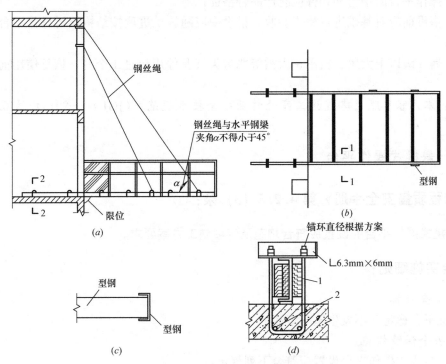

图 2-7 斜拉方式的悬挑式操作平台示意图

（a）侧面图；（b）平面图；（c）1—1 剖面；（d）2—2 剖面

1—木楔侧向楔紧；2—两根 1.5m 长直径 18mm 的 HRB400 钢筋

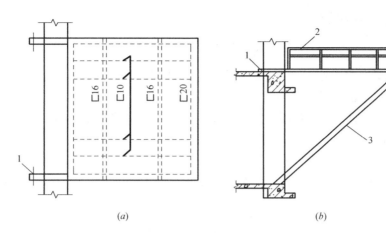

图 2-8　下支承方式的悬挑式操作平台示意图（单位：mm）
(a) 平面图；(b) 侧面图
1—梁面预埋件；2—栏杆与 [16 焊接；3—斜撑杆

（11）悬挑式操作平台的平台板下次梁应符合下列规定：

1）恒荷载（永久荷载）中的自重，当采用槽钢 [10 时应以 0.1kN/m 计，铺板应以 0.4kN/m² 计；施工可变荷载应采用 15kN 集中荷载或 2.0kN/m² 均布荷载，并应按式（2-1）、式（2-2）计算弯矩。当次梁带悬臂且为均布荷载时，应按式（2-7）、式（2-8）计算弯矩设计值：

$$M_c = \left(\gamma_G \frac{1}{8} q_{c_h} L_{0c}^2 + \gamma_Q \frac{1}{8} q_{c_k} L_{0c}^2 \right) \cdot (1 - \eta^2)^2 \tag{2-7}$$

$$\eta = \frac{\alpha}{L_{0c}} \tag{2-8}$$

式中　M_c——次梁最大弯矩设计值（N·mm）

$\quad\quad \gamma_G$——恒荷载分项系数；

$\quad\quad q_{c_h}$——次梁上等效均布恒荷载标准值（N/mm）；

$\quad\quad L_{0c}$——次梁的计算跨度（mm）；

$\quad\quad \gamma_Q$——可变荷载分项系数；

$\quad\quad q_{c_k}$——次梁上等效均布可变荷载标准值（N/mm）；

$\quad\quad \alpha$——悬臂长度（m）；

$\quad\quad \eta$——悬臂长度比值。

2）次梁抗弯强度应按式（2-4）计算。

（12）次梁下主梁计算应符合下列规定：

1）外侧主梁和钢丝绳吊点应作承载计算，并应按式（2-9）计算外侧主梁弯矩值。

$$M_y = -\frac{1}{8} q L_{0y}^2 \tag{2-9}$$

式中　M_y——主梁最大弯矩设计值（N·mm）；

$\quad\quad q$——主梁上的等效均布荷载设计值（N/mm）；

$\quad\quad L_{0y}$——主梁计算跨度（mm）。

当主梁采用 [20 槽钢时，自重应以 0.26kN/m 计。当次梁带悬臂时，应按式（2-10）

计算次梁传递于主梁的荷载；

$$R=\frac{1}{2}qL_{0c}(1+\eta)^2 \tag{2-10}$$

式中　R——次梁搁置于外侧主梁上的支座反力设计值，即传递于主梁的荷载（N）；

q——次梁上的等效均布荷载设计值（N/mm）。

2）主梁弯矩计算荷载应包括次梁所传递集中荷载和主梁自重荷载；主梁抗弯强度应按式（2-4）计算。

（13）钢丝绳验算应符合下列规定：

1）钢丝绳应按式（2-11）计算所受拉力标准值：

$$T=\frac{QL_{0y}}{2\sin\alpha} \tag{2-11}$$

式中　T——钢丝绳所受拉力标准值（N）；

Q——主梁上的均布荷载标准值（N/mm）；

L_{0y}——主梁计算跨度（mm）；

α——钢丝绳与平台面的夹角。

2）钢丝绳的拉力应按式（2-12）验算钢丝绳的安全系数K：

$$K=\frac{S_s}{T}\leqslant[K] \tag{2-12}$$

式中　S_s——钢丝绳的破断拉力，取钢丝绳的破断拉力总和乘以换算系数（N）；

$[K]$——吊索用钢丝绳的规范规定安全系数，取值为10。

（14）下支承斜撑计算应符合式（2-13）的要求：

$$\frac{N}{\phi A_c}\leqslant f_3 \tag{2-13}$$

式中　N——斜撑的轴心压力设计值（N）；

ϕ——轴心受压构件的稳定系数；

A_c——斜撑毛截面积（mm²）；

f_3——斜撑抗压强度设计值（N/mm²）。

注：本内容参照《建筑施工高处作业安全技术规范》（JGJ 80—2016）第6.4节的规定。

Chapter ▶▶ 03

起重机械安全生产现场控制

3.1 一般规定

3.1.1 起重机械的备案、租赁

📋《工程质量安全手册》第 4.3.1（1）条：

起重机械的备案、租赁符合要求。

📖安全实施细则：

1. 安全目标

确保施工现场使用的机械是安全可靠的。

2. 安全保障措施

（1）出租单位出租的建筑起重机械和使用单位购置、租赁、使用的建筑起重机械应当具有特种设备制造许可证、产品合格证、制造监督检验证明。

（2）出租单位在建筑起重机械首次出租前，自购建筑起重机械的使用单位在建筑起重机械首次安装前，应当持建筑起重机械特种设备制造许可证、产品合格证和制造监督检验证明到本单位工商注册所在地县级以上地方人民政府建设主管部门办理备案。

（3）出租单位应当在签订的建筑起重机械租赁合同中，明确租赁双方的安全责任，并出具建筑起重机械特种设备制造许可证、产品合格证、制造监督检验证明、备案证明和自检合格证明，提交安装使用说明书。

（4）有下列情形之一的建筑起重机械，不得出租、使用：

1）属国家明令淘汰或者禁止使用的；

2）超过安全技术标准或者制造厂家规定的使用年限的；

3）经检验达不到安全技术标准规定的；

4）没有完整安全技术档案的；

5）没有齐全有效的安全保护装置的。

（5）建筑起重机械有以下情形之一的，出租单位或者自购建筑起重机械的使用单位应当予以报废，并向原备案机关办理注销手续：

1）属国家明令淘汰或者禁止使用的；

2）超过安全技术标准或者制造厂家规定的使用年限的；

3）经检验达不到安全技术标准规定的。

（6）出租单位、自购建筑起重机械的使用单位，应当建立建筑起重机械安全技术档案。建筑起重机械安全技术档案应当包括以下资料：

1）购销合同、制造许可证、产品合格证、制造监督检验证明、安装使用说明书、备案证明等原始资料；

2）定期检验报告、定期自行检查记录、定期维护保养记录、维修和技术改造记录、运行故障和生产安全事故记录、累计运转记录等运行资料；

3）历次安装验收资料。

注：本内容参照《建筑起重机械安全监督管理规定》住房和城乡建设部令第166号第四条至第九条规定。

3.1.2 起重机械安装、拆卸

📋《工程质量安全手册》第4.3.1（2）条：

起重机械安装、拆卸符合要求。

📖**安全实施细则：**

1. 安全目标

保证起重机械能够正常使用。

2. 安全保障措施

（1）从事建筑起重机械安装、拆卸活动的单位（以下简称安装单位）应当依法取得建设主管部门颁发的相应资质和建筑施工企业安全生产许可证，并在其资质许可范围内承揽建筑起重机械安装、拆卸工程。

（2）建筑起重机械使用单位和安装单位应当在签订的建筑起重机械安装、拆卸合同中明确双方的安全生产责任。

实行施工总承包的，施工总承包单位应当与安装单位签订建筑起重机械安装、拆卸工程安全协议书。

（3）安装单位应当履行下列安全职责：

1）按照安全技术标准及建筑起重机械性能要求，编制建筑起重机械安装、拆卸工程专项施工方案，并由本单位技术负责人签字；

2）按照安全技术标准及安装使用说明书等检查建筑起重机械及现场施工条件；

3）组织安全施工技术交底并签字确认；

4）制订建筑起重机械安装、拆卸工程生产安全事故应急救援预案；

5）将建筑起重机械安装、拆卸工程专项施工方案，安装、拆卸人员名单，安装、拆卸时间等材料报施工总承包单位和监理单位审核后，告知工程所在地县级以上地方人民政府建设主管部门。

（4）安装单位应当按照建筑起重机械安装、拆卸工程专项施工方案及安全操作规程组织安装、拆卸作业。

安装单位的专业技术人员、专职安全生产管理人员应当进行现场监督，技术负责人应当定期巡查。

（5）建筑起重机械安装完毕后，安装单位应当按照安全技术标准及安装使用说明书的有关要求对建筑起重机械进行自检、调试和试运转。自检合格的，应当出具自检合格证明，并向使用单位进行安全使用说明。

（6）安装单位应当建立建筑起重机械安装、拆卸工程档案。建筑起重机械安装、拆卸工程档案应当包括以下资料：

1）安装、拆卸合同及安全协议书；

2）安装、拆卸工程专项施工方案；

3）安全施工技术交底的有关资料；

4）安装工程验收资料；

5）安装、拆卸工程生产安全事故应急救援预案。

注：本内容参照《建筑起重机械安全监督管理规定》住房和城乡建设部令第166号第十条至第十五条规定。

3.1.3 起重机械验收

📋《工程质量安全手册》第4.3.1（3）条：

起重机械验收符合要求。

📖**安全实施细则：**

1. 安全目标

保证施工现场使用的起重机械是合格设备，确保施工安全。

2. 安全保障措施

（1）建筑起重机械安装完毕后，使用单位应当组织出租、安装、监理等有关单位进行验收，或者委托具有相应资质的检验检测机构进行验收。建筑起重机械经验收合格后方可投入使用，未经验收或者验收不合格的不得使用。实行施工总承包的，由施工总承包单位组织验收。建筑起重机械在验收前应当经有相应资质的检验检测机构监督检验合格。检验检测机构和检验检测人员对检验检测结果、鉴定结论依法承担法律责任。

（2）使用单位应当自建筑起重机械安装验收合格之日起30日内，将建筑起重机械安装验收资料、建筑起重机械安全管理制度、特种作业人员名单等，向工程所在地县级以上地方人民政府建设主管部门办理建筑起重机械使用登记。登记标志置于或者附着于该设备的显著位置。

注：本内容参照《建筑起重机械安全监督管理规定》住房和城乡建设部令第166号第十六条、第十七条规定。

3.1.4 起重机械使用登记

📋《工程质量安全手册》第 4.3.1（4）条：

按规定办理使用登记。

📖安全实施细则：

1. 安全目标

是为了加强起重机械的管理，保证起重机械的正确操作、安全使用、防范安全事故发生，便于统一管理。

2. 安全保障措施

（1）建筑起重机械使用单位在建筑起重机械安装验收合格之日起 30 日内，向工程所在地县级以上地方人民政府建设主管部门办理使用登记。

（2）使用单位在办理建筑起重机械使用登记时，应当向使用登记机关提交下列资料：

1）建筑起重机械备案证明；

2）建筑起重机械租赁合同；

3）建筑起重机械检验检测报告和安装验收资料；

4）使用单位特种作业人员资格证书；

5）建筑起重机械维护保养等管理制度；

6）建筑起重机械生产安全事故应急救援预案；

7）使用登记机关规定的其他资料。

注：本内容参照《建筑起重机械备案登记办法》建质［2008］76 号第十四条、第十五条规定。

3.1.5 起重机械的基础、附着

📋《工程质量安全手册》第 4.3.1（5）条：

起重机械的基础、附着符合使用说明书及专项施工方案要求。

📖安全实施细则：

1. 安全目标

为了保证起重机械的安全稳定。

2. 安全保障措施

（1）机械设备的地基基础承载力应满足安全使用要求。防止设备基础不符合要求，从源头上埋下安全隐患，造成设备倾覆等重大事故。

注：本内容参照《建筑机械使用安全技术规程》（JGJ 33—2012）第 2.0.11 条规定。

（2）建筑起重机械在使用过程中需要附着的，使用单位应当委托原安装单位或者具有

相应资质的安装单位按照专项施工方案实施，附着完毕后，使用单位应当组织出租、安装、监理等有关单位进行验收，或者委托具有相应资质的检验检测机构进行验收，验收合格后方可投入使用。

注：本内容参照《建筑起重机械安全监督管理规定》住房和城乡建设部令第 166 号第二十条规定。

3.1.6 起重机械的安全装置

📋 《工程质量安全手册》第 4.3.1（6）条：

起重机械的安全装置灵敏、可靠；主要承载结构件完好；结构件的连接螺栓、销轴有效；机构、零部件、电气设备线路和元件符合相关要求。

📖 安全实施细则：

1. 安全目标
保证起重机械在使用当中不发生安全事故。

2. 安全保障措施
（1）机械上的各种安全防护和保险装置及各种安全信息装置必须齐全有效。

（2）建筑起重机械的变幅限位器、力矩限制器、起重量限制器、防坠安全器、钢丝绳防脱装置、防脱钩装置以及各种行程限位开关等安全保护装置，必须齐全有效，严禁随意调整或拆除。严禁利用限制器和限位装置代替操纵机构。

注：本内容参照《建筑机械使用安全技术规程》（JGJ 33—2012）第 2.0.3 和 4.1.11 条规定。

3.1.7 起重机械与架空线路安全距离

📋 《工程质量安全手册》第 4.3.1（7）条：

起重机械与架空线路安全距离符合规范要求。

📖 安全实施细则：

1. 安全目标
保证不发生触电事故。

2. 安全保障措施
起重机严禁越过无防护设施的外电架空线路作业。在外电架空线路附近吊装时，起重机的任何部位或被吊物边缘在最大偏斜时与架空线路边线的最小安全距离应符合表 3-1 的规定。

起重机与架空线路边线的最小安全距离 表 3-1

电压(kV) 安全距离(m)	<1	10	35	110	220	330	500
沿垂直方向	1.5	3.0	4.0	5.0	6.0	7.0	8.5
沿水平方向	1.5	2.0	3.5	4.0	6.0	7.0	8.5

注：本内容参照《施工现场临时用电安全技术规范》（JGJ 46—2005）第4.1.4条规定。

3.1.8 安全技术交底

《工程质量安全手册》第4.3.1 (8) 条：

按规定在起重机械安装、拆卸、顶升和使用前向相关作业人员进行安全技术交底。

安全实施细则：

1. 安全目标
保证在安装、拆卸、顶升和使用过程中作业人员以及机械的安全。
2. 安全保障措施
（1）安装作业，应根据专项施工方案要求实施。安装作业人员应分工明确、职责清晰。安装前应对安装作业人员进行安全技术交底。
注：本内容参照《建筑施工塔式起重机安装、使用、拆卸安全技术规程》JGJ 196—2010 第3.4.2条规定。
（2）特种设备操作人员应经过专业培训、考核合格取得建设行政主管部门颁发的操作证，并应经过安全技术交底后持证上岗。
注：本内容参照《建筑机械使用安全技术规程》（JGJ 33—2012）第2.0.1条规定。
（3）机械作业前，施工技术人员应向操作人员进行安全技术交底。操作人员应熟悉作业环境和施工条件，并应听从指挥，遵守现场安全管理规定。
注：本内容参照《建筑机械使用安全技术规程》（JGJ 33—2012）第2.0.4条规定。

3.1.9 检查和维护保养

《工程质量安全手册》第4.3.1 (9) 条：

定期检查和维护保养符合相关要求。

安全实施细则：

1. 安全目标
保证起重机械能够正常运行使用。
2. 安全保障措施
（1）使用单位应当对在用的建筑起重机械及其安全保护装置、吊具、索具等进行经常性和定期的检查、维护和保养，并做好记录。使用单位在建筑起重机械租期结束后，应当将定期检查、维护和保养记录移交出租单位。建筑起重机械租赁合同对建筑起重机械的检查、维护、保养另有约定的，从其约定。

（2）建筑机械使用单位，在使用当中还应当履行下列安全职责：

1）根据不同施工阶段、周围环境以及季节、气候的变化，对建筑起重机械采取相应的安全防护措施；

2）制订建筑起重机械生产安全事故应急救援预案；

3）在建筑起重机械活动范围内设置明显的安全警示标志，对集中作业区做好安全防护；

4）设置相应的设备管理机构或者配备专职的设备管理人员；

5）指定专职设备管理人员、专职安全生产管理人员进行现场监督检查；

6）建筑起重机械出现故障或者发生异常情况的，立即停止使用，消除故障和事故隐患后，方可重新投入使用。

注：本内容参照《建筑起重机械安全监督管理规定》住房和城乡建设部令第 166 号第十八条和第十九条规定。

3.2 塔式起重机安全实施细则

3.2.1 作业环境

📋《工程质量安全手册》第 4.3.2（1）条：

作业环境符合规范要求。多塔交叉作业防碰撞安全措施符合规范及专项方案要求。

📖安全实施细则：

1. 安全目标
保证起重机械本身的安全和作业人员的安全。

2. 安全保障措施
（1）当多台塔式起重机在同一施工现场交叉作业时，应编制专项方案，并应采取防碰撞的安全措施。任意两台塔式起重机之间的最小架设距离应符合下列规定：

1）低位塔式起重机的起重臂端部与另一台塔式起重机的塔身之间的距离不得小于 2m；

2）高位塔式起重机的最低位置的部件（或吊钩升至最高点或平衡重的最低部位）与低位塔式起重机中处于最高位置部件之间的垂直距离不得小于 2m。

（2）塔式起重机使用时，起重臂和吊物下方严禁有人员停留；物件吊运时，严禁从人员上方通过。

注：本内容参照《建筑施工塔式起重机安装、使用、拆卸安全技术规程》JGJ 196—2010 第 2.0.14、2.0.17 条规定。

3.2.2　安全装置

📋**《工程质量安全手册》第 4.3.2（2）条：**

　　塔式起重机的起重力矩限制器、起重量限制器、行程限位装置等安全装置符合规范要求。

📖**安全实施细则：**

1. 安全目标
保证不发生超载、超行程等情况出现，最终导致发生安全事故。
2. 安全保障措施
（1）塔式起重机的安全装置必须齐全，并应按程序进行调试合格。
注：本内容参照《建筑施工塔式起重机安装、使用、拆卸安全技术规程》（JGJ 196—2010）第 3.4.12 条规定。
（2）塔式起重机使用前，应对起重司机、起重信号工、司索工等作业人员进行安全技术交底。
注：本内容参照《建筑施工塔式起重机安装、使用、拆卸安全技术规程》（JGJ 196—2010）第 4.0.3 条规定。
（3）塔式起重机起吊前，应对安全装置进行检查，确认合格后方可起吊；安全装置失灵时，不得起吊。
注：本内容参照《建筑施工塔式起重机安装、使用、拆卸安全技术规程》（JGJ 196—2010）第 4.0.6 条规定。
（4）起重量限制器
1）塔式起重机应安装起重量限制器。如设有起重量显示装置，则其数值误差不应大于实际值的 $\pm 5\%$。
2）当起重量大于相应挡位的额定值并小于该额定值的 110% 时，应切断上升方向的电源，但机构可作下降方向的运动。
注：本内容参照《塔式起重机安全规程》（GB 5144—2006）第 6.1 节规定。
（5）起重力矩限制器
1）塔式起重机应安装起重量限制器。如设有起重量显示装置，则其数值误差不应大于实际值的 $\pm 5\%$。
2）当起重量大于相应挡位的额定值并小于该额定值的 110% 时，应切断上升方向的电源，但机构可作下降方向的运动。
3）力矩限制器控制定码变幅的触点或控制定幅变码的触点应分别设置，且能分别调整。
4）对小车变幅的塔式起重机，其最大变幅速度超过 40m/min，在小车向外运行，且起重力矩达到额定值的 80% 时，变幅速度应自动转换为不大于 40m/min 的速度运行。
注：本内容参照《塔式起重机安全规程》（GB 5144—2006）第 6.2 节规定。
（6）行程限位装置
1）行走限位装置

轨道式塔式起重机行走机构应在每个运行方向设置行程限位开关。在轨道上应安装限位开关碰铁，其安装位置应充分考虑塔式起重机的制动行程，保证塔式起重机在与止挡装置或与同一轨道上其他塔式起重机相距大于 1m 处能完全停止，此时电缆还应有足够的富余长度。

　　2）幅度限位装置

　　① 小车变幅的塔式起重机，应设置小车行程限位开关。

　　② 动臂变幅的塔式起重机应设置臂架低位置和臂架高位置的幅度限位开关，以及防止臂架反弹后翻的装置。

　　3）起升高度限位器

　　① 塔式起重机应安装吊钩上极限位置的起升高度限位器。

　　② 吊钩下极限位置的限位器，可根据用户要求设置。

　　4）回转限位器

　　回转部分不设集电器的塔式起重机，应安装回转限位器。塔式起重机回转部分在非工作状态下应能自由旋转；对有自锁作用的回转机构，应安装安全极限力矩联轴器。

　　注：本内容参照《塔式起重机安全规程》（GB 5144—2006）第 6.3 节规定。

　　（7）小车断绳保护装置

　　小车变幅的塔式起重机，变幅的双向均应设置断绳保护装置。

　　注：本内容参照《塔式起重机安全规程》（GB 5144—2006）第 6.4 节规定。

　　（8）小车断轴保护装置

　　小车变幅的塔式起重机，应设置变幅小车断轴保护装置，即使轮轴断裂，小车也不会掉落。

　　注：本内容参照《塔式起重机安全规程》（GB 5144—2006）第 6.5 节规定。

　　（9）钢丝绳防脱装置

　　滑轮、起升卷筒及动臂变幅卷账号均应设有钢丝绳防脱装置，该装置与滑轮或卷账号侧板最外缘的间隙不应超过钢丝绳直径的 20%。

　　吊钩应设有防钢丝绳脱钩的装置。

　　注：本内容参照《塔式起重机安全规程》（GB 5144—2006）第 6.6 节规定。

3.2.3　吊索具

📋《工程质量安全手册》第 4.3.2（3）条：

吊索具的使用及吊装方法符合规范要求。

📖安全实施细则：

　　1. 安全目标

　　确保不发生物料坠落，避免造成人员伤亡。

　　2. 安全保障措施

　　（1）塔式起重机安装、使用、拆卸时，起重吊具、索具应符合下列要求：

　　1）吊具与索具产品应使用合格产品；

2）吊具与索具应与吊重种类、吊运具体要求以及环境条件相适应；

3）作业前应对吊具与索具进行检查，当确认完好时方可投入使用；

4）吊具承载时不得超过额定起重量，吊索（含各分肢）不得超过安全工作载荷；

5）塔式起重机吊钩的吊点，应与吊重重心在同一条铅垂线上，使吊重处于稳定平衡状态。

（2）新购置或修复的吊具、索具，应进行检查，确认合格后，方可使用。

（3）吊具、索具在每次使用前应进行检查，经检查确认符合要求后，方可继续使用。当发现有缺陷时，应停止使用。

（4）吊具与索具每 6 个月应进行一次检查，并应作好记录。检验记录应作为继续使用、维修或报废的依据。

（5）钢丝绳作吊索时，其安全系数不得小于 6 倍。

（6）钢丝绳的报废应符合现行国家标准《起重机用钢丝绳检验和报废实用规范》（GB/T 5972—2016）的规定。

（7）当钢丝绳的端部采用编结固接时，编结部分的长度不得小于钢丝绳直径的 20 倍，并不应小于 300mm，插接绳股应拉紧，凸出部分应光滑平整，且应在插接末尾留出适当长度，用金属丝扎牢，钢丝绳插接方法宜符合现行行业标准《起重机械吊具与索具安全规程》LD48 的要求。用其他方法插接的，应保证其插接连接强度不小于该绳最小破断拉力的 75%。

当采用绳夹固接时，钢丝绳吊索绳夹最少数量应满足表 3-2 的要求。

钢丝绳吊索绳夹最少数量 表 3-2

绳夹规格（钢丝绳公称直径） d_r（mm）	钢丝绳夹的最少数量 （组）
≤18	3
18～26	4
26～36	5
36～44	6
44～60	7

（8）钢丝绳夹压板应在钢丝绳受力绳一边，绳夹间距 A（图 3-1）不应小于钢丝绳直径的 6 倍。

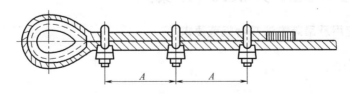

图 3-1 钢丝绳夹压板布置图

（9）吊索必须由整根钢丝绳制成，中间不得有接头。环形吊索应只允许有一处接头。

（10）当采用两点或多点起吊时，吊索数宜与吊点数相符，且各根吊索的材质、结构尺寸、索眼端部固定连接、端部配件等性能应相同。

（11）钢丝绳严禁采用打结方式系结吊物。

（12）当吊索弯折曲率半径小于钢丝绳公称直径的 2 倍时，应采用卸扣将吊索与吊点拴接。

（13）卸扣应无明显变形、可见裂纹和弧焊痕迹。销轴螺纹应无损伤现象。

（14）吊钩应符合现行行业标准《起重机械吊具与索具安全规程》LD48 中的相关规定。

（15）吊钩严禁补焊，有下列情况之一的应予以报废：

1）表面有裂纹；

2）挂绳处截面磨损量超过原高度的 10%；

3）钩尾和螺纹部分等危险截面及钩筋有永久性变形；

4）开口度比原尺寸增加 15%；

5）钩身的扭转角超过 10°。

（16）滑轮有下列情况之一的应予以报废：

1）裂纹或轮缘破损；

2）轮槽不均匀磨损达 3mm；

3）滑轮绳槽壁厚磨损量达原壁厚的 20%；

4）铸造滑轮槽底磨损达钢丝绳原直径的 30%；焊接滑轮槽底磨损达钢丝绳原直径的 15%。

（17）滑轮、卷筒均应设有钢丝绳防脱装置；吊钩应设有钢丝绳防脱钩装置。

注：本内容参照《建筑施工塔式起重机安装、使用、拆卸安全技术规程》（JGJ 196—2010）第 6.1～6.3 节规定。

3.2.4 顶升或降节

📋《工程质量安全手册》第 4.3.2（4）条：

按规定在顶升（降节）作业前对相关机构、结构进行专项安全检查。

📖 安全实施细则：

1. 安全目标

保证整体稳定，不发生倾覆事故。

2. 安全保障措施

自升式塔式起重机的顶升降节应符合下列规定：

1）顶升系统必须完好；

2）结构件必须完好；

3）顶升前，塔式起重机下支座与顶升套架应可靠连接；

4）顶升前，应确保顶升横梁搁置正确；

5）顶升前，应将塔式起重机配平；顶升过程中，应确保塔式起重机的平衡；

6）顶升加节的顺序，应符合使用说明书的规定；

7）顶升过程中，不应进行起升、回转、变幅等操作；

8）顶升结束后，应将标准节与回转下支座可靠连接；

9）塔式起重机加节后需进行附着的，应按照先装附着装置后顶升加节的顺序进行，附着装置的位置和支撑点的强度应符合要求。

注：本内容参照《建筑施工塔式起重机安装、使用、拆卸安全技术规程》（JGJ 196—2010）第 3.4.6 条规定。

3.3 施工升降机安全实施细则

3.3.1 防坠安全装置

📋《工程质量安全手册》第 4.3.3（1）条：

防坠安全装置在标定期限内，安装符合规范要求。

📖 安全实施细则：

1. 安全目标

防止发生坠落事故，确保人员的人身安全。

2. 安全保障措施

施工升降机必须安装防坠安全装置。安装的防坠安全器应在一年的有效标定期内。

注：本内容参照《建筑施工升降机安装、使用、拆卸安全技术规程》（JGJ 215—2010）第 4.1.7 条规定。

3.3.2 啮合措施

📋《工程质量安全手册》第 4.3.3（2）条：

按规定制订各种载荷情况下齿条和驱动齿轮、安全齿轮的正确啮合保证措施。

📖 安全实施细则：

1. 安全目标

保证升降过程中不发生坠落事故。

2. 安全保障措施

（1）齿条对接：相邻两齿条的对接处沿齿高方向的阶差应为≤0.3mm，沿长度的齿差应≤0.6mm。

（2）齿轮齿条啮合：齿条应有 90% 以上的计算宽度参与啮合，且与齿轮的啮合侧隙应为 0.2～0.5mm。

注：本内容参照《建筑施工升降机安装、使用、拆卸安全技术规程》（JGJ 215—2010）附录 B 第 18 和 19 项的规定。

（3）齿轮齿条啮合

1）应采取措施保证各种载荷情况下齿条和所有驱动齿轮、安全装置齿轮的正确啮合。

这样的措施应不仅仅依靠吊笼滚轮或滑靴。

正确的啮合应是：齿条节线和与其平行的齿轮节圆切线重合或距离不大于模数的 1/3（图 3-2）。

2）应采取进一步措施，保证当上条方法失效时，齿条节线和与其平行的齿轮节圆切线的距离不大于模数的 2/3（图 3-3）。

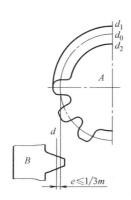

图 3-2　齿轮齿条的正确啮合间隙

说明：A—齿轮；B—齿条；d_1—齿顶圆直径；

d_0—齿轮节圆直径；d_2—齿根圆直径；

d—齿条节线；m—齿轮模数；

e—最大为模数的 1/3

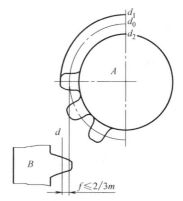

图 3-3　齿轮齿条的最大啮合间隙

说明：A—齿轮；B—齿条；d_1—齿顶圆直径；

d_0—齿轮节圆直径；d_2—齿根圆直径；

d—齿条节线；m—齿轮模数；

f—最大为模数的 2/3

3）应采取措施保持齿轮与齿条啮合的计算宽度（图 3-4）。

4）应采取进一步措施，保证当上条的方法失效时，至少有 90% 的齿条计算宽度参与啮合（图 3-5）。

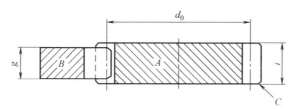

图 3-4　齿轮齿条宽度方向的正确啮合

说明：A—齿轮；B—齿条；C—倒角；d_0—齿轮节圆直径；

g—齿条宽度；i—齿轮齿宽

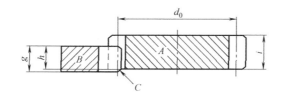

图 3-5　齿轮齿条的最小啮合宽度

说明：A—齿轮；B—齿条；C—倒角；d_0—齿轮节圆直径；

g—齿条宽度；h—90% 齿条宽度；i—齿轮齿宽

注：本内容参照《吊笼有垂直导向的人货两用施工升降机》（GB 26557—2011）第 5.7.3.1.4 条规定。

3.3.3 附墙架

📋《工程质量安全手册》第 4.3.3（3）条：

附墙架的使用和安装符合使用说明书及专项施工方案要求。

📖 安全实施细则：

1. 安全目标
保证升降机整体的稳定性。
2. 安全保障措施
（1）附墙架附着点处的建筑结构强度应满足施工升降机使用说明书的要求。
（2）施工升降机的附墙架形式、附着高度、垂直间距、附着点水平距离、附墙架与水平面之间的夹角、导轨架自由端高度和导轨架与主体结构间水平距离等均应符合作用说明书的规定。
（3）当附墙架不能满足施工现场要求时，应对附墙架另行设计计算。附墙架的设计应满足构件刚度、强度、稳定性等要求，制作应满足设计要求。
注：本内容参照《建筑施工升降机安装、使用、拆卸安全技术规程》（JGJ 215—2010）第 4.1.9、4.1.10、4.1.11 条规定。
（4）附着装置应采用配套标准产品。附着间距应符合使用说明书要求或设计要求。自由端高度应符合使用说明书要求。与构筑物连接应牢固可靠。
注：本内容参照《建筑施工升降机安装、使用、拆卸安全技术规程》（JGJ 215—2010）附录 B 第 21、22、23、24 项的规定。

3.3.4 层门

📋《工程质量安全手册》第 4.3.3（4）条：

层门的设置符合规范要求。

📖 安全实施细则：

1. 安全目标
确保升降机正常上下，保证上下人员能够安全通行。
2. 安全保障措施
（1）施工升降机专用开关箱应设置在导轨架附近便于操作的位置，配电容量应满足施工升降机直接启动的要求。
注：本内容参照《建筑施工升降机安装、使用、拆卸安全技术规程》（JGJ 215—2010）第 5.2.25 条规定。
（2）应设置层站门。层门只能由司机启闭，吊笼门与层站边缘水平距离≤50mm。

注：本内容参照《建筑施工升降机安装、使用、拆卸安全技术规程》（JGJ 215—2010）附录 B 第 15 项的规定。

3.4 物料提升机安全实施细则

3.4.1 安全停层

📋《工程质量安全手册》第 4.3.4（1）条：

安全停层装置齐全、有效。

📖安全实施细则：

1. 安全目标
能可靠承担吊笼自重、额定荷载及运料人员等全部工作荷载。
2. 安全保障措施
（1）在各停层平台处，应设置显示楼层的标志。
（2）安全停层装置应为刚性机构，吊笼停层时，安全停层装置应能可靠承担吊笼自重、额定荷载及运料人员等全部工作荷载。吊笼停层后底板与停层平台的垂直偏差不应大于 50mm。
（3）停层平台及平台门应符合下列规定：
1）停层平台的搭设应符合规范和施工方案规定，并应能承受 3kN/m² 的荷载；
2）停层平台外边缘与吊笼门外缘的水平距离不宜大于 100mm，与外脚手架外侧立杆（当无外脚手架时与建筑结构外墙）的水平距离不宜小于 1m；
3）停层平台两侧的防护栏杆、挡脚板；
4）平台门应采用工具式、定型化；
5）平台门的高度不宜小于 1.8m，宽度与吊笼门宽差不应大于 200mm，并应安装在台口外边缘处，与台口外边缘的水平距离不应大于 200mm；
6）平台门下边缘以上 180mm 内应采用厚度不小于 1.5mm 钢板封闭，与台口上表面的垂直距离不宜大于 20mm；
7）平台门应向停层平台内侧开启，并应处于常闭状态。
注：本内容参照《龙门架及井架物料提升机安全技术规范》（JGJ 88—2010）第 3.0.7、6.1.3、6.2.2 条规定。

3.4.2 钢丝绳的规格和使用

📋《工程质量安全手册》第 4.3.4（2）条：

钢丝绳的规格、使用符合规范要求。

📖安全实施细则：

1. 安全目标
保证不发生断绳现象，避免发生安全事故。

2. 安全保障措施

（1）钢丝绳

1）钢丝绳的选用、维护、检验和报废应符合规定，钢丝绳报废标准参见表 3-3～表 3-6。

单层股钢丝绳和平行捻密实钢丝绳中达到报废程度的最少可见断丝数　　　表 3-3

钢丝绳类别编号 RCN	外层股中承载钢丝的总数[a] n	可见外部断丝的数量[b]					
		在钢制滑轮上工作和/或单层缠绕在卷筒上的钢丝绳区段（钢丝断裂随机分布）				多层缠绕在卷筒上的钢丝绳区段[c]	
		工作级别 M1～M4 或未知级别[d]				所有工作级别	
		交互捻		同向捻		交互捻和同向捻	
		$6d$[e] 长度范围内	$30d$[e] 长度范围内	$6d$[e] 长度范围内	$30d$[e] 长度范围内	$6d$[e] 长度范围内	$30d$[e] 长度范围内
01	$n\leqslant50$	2	4	1	2	4	8
02	$51\leqslant n\leqslant75$	3	6	2	3	6	12
03	$76\leqslant n\leqslant100$	4	8	2	4	8	16
04	$101\leqslant n\leqslant120$	4	10	2	5	10	20
05	$121\leqslant n\leqslant140$	6	11	3	6	12	22
06	$141\leqslant n\leqslant160$	6	13	3	6	12	26
07	$161\leqslant n\leqslant180$	7	14	4	7	14	28
08	$181\leqslant n\leqslant200$	8	16	4	8	16	32
09	$201\leqslant n\leqslant220$	9	18	4	9	18	36
10	$221\leqslant n\leqslant240$	10	19	5	10	20	38
11	$241\leqslant n\leqslant260$	10	21	5	10	20	42
12	$261\leqslant n\leqslant280$	11	22	6	11	22	44
13	$281\leqslant n\leqslant300$	12	24	6	12	24	48
	$n>300$	$0.04n$	$0.08n$	$0.02n$	$0.04n$	$0.08n$	$0.16n$

注：对于外股为西鲁式结构且每股的钢丝数≤19 的钢丝绳（例如 6×19 Seale），在表中的取值位置为其"外层股中承载钢丝总数"所在行之上的第二行。

a 填充钢丝不作为承载钢丝，因而不包括在 n 值之中。

b 一根断丝有两个断头（按一根断丝计数）。

c 这些数值适用于交叉重叠区域和由于钢丝绳偏角影响的缠绕绳圈之间干涉引起的劣化（不适用于只在滑轮上工作而不在卷筒上缠绕的区段）。

d 机构的工作级别为 M5～M8 时，断丝数可取表中数值的两倍。

e d——钢丝绳公称直径。

阻旋转钢丝绳中达到报废程度的最少可见断丝数　　　表 3-4

钢丝绳类别编号 RCN	钢丝绳外层股数和外层股中承载钢丝总数[a] n	可见断丝数量[b]			
		在钢制滑轮上工作和/或单层缠绕在卷筒上的钢丝绳区段		多层缠绕在卷筒上的钢丝绳区段[c]	
		$6d$[d] 长度范围内	$30d$[d] 长度范围内	$6d$[d] 长度范围内	$30d$[d] 长度范围内
21	4 股 $n\leqslant100$	2	4	2	4
22	3 股或 4 股 $n\geqslant100$	2	4	4	8

钢丝绳类别编号 RCN	钢丝绳外层股数和外层股中承载钢丝总数[a] n	可见断丝数量[b]			
		在钢制滑轮上工作和/或单层缠绕在卷筒上的钢丝绳区段		多层缠绕在卷筒上的钢丝绳区段[c]	
		$6d$[d] 长度范围内	$30d$[d] 长度范围内	$6d$[d] 长度范围内	$30d$[d] 长度范围内
	至少 11 个外层股				
23-1	$71 \leqslant n \leqslant 100$	2	4	4	8
23-2	$101 \leqslant n \leqslant 120$	3	5	5	10
23-3	$121 \leqslant n \leqslant 140$	3	5	6	11
24	$141 \leqslant n \leqslant 160$	3	6	6	13
25	$161 \leqslant n \leqslant 180$	4	7	7	14
26	$181 \leqslant n \leqslant 200$	4	8	8	16
27	$201 \leqslant n \leqslant 220$	4	9	9	18
28	$221 \leqslant n \leqslant 240$	5	10	10	19
29	$241 \leqslant n \leqslant 260$	5	10	10	21
30	$261 \leqslant n \leqslant 280$	6	11	11	22
31	$281 \leqslant n \leqslant 300$	6	12	12	24
	$n > 300$	6	12	12	24

注：对于外股为西鲁式结构且每股的钢丝数≤19 的钢丝绳（例如 18×19 Seale-WSC），在表中的取值位置为其"外层股中承载钢丝总数"所在行之上的第二行。

a 填充钢丝不作为承载钢丝，因而不包括在 n 值之中。

b 一根断丝有两个断头（按一根断丝计数）。

c 这些数值适用于交叉重叠区域和由于钢丝绳偏角影响的缠绕绳圈之间干涉引起的劣化（不适用于只在滑轮上工作而不在卷筒上缠绕的区段）。

d d——钢丝绳公称直径。

直径等值减小的报废基准——单层缠绕卷筒和钢制滑轮上的钢丝绳　　表 3-5

钢丝绳类型	直径的等值减小量 Q（用公称直径的百分比表示）	严重程度分级	
		程度	%
纤维芯单层股钢丝绳	$Q < 6\%$	—	0
	$6\% \leqslant Q < 7\%$	轻度	20
	$7\% \leqslant Q < 8\%$	中度	40
	$8\% \leqslant Q < 9\%$	重度	60
	$9\% \leqslant Q < 10\%$	严重	80
	$Q \geqslant 10\%$	报废	100
钢芯单层股钢丝绳或平行捻密实钢丝绳	$Q < 3.5\%$	—	0
	$3.5\% \leqslant Q < 4.5\%$	轻度	20
	$4.5\% \leqslant Q < 5.5\%$	中度	40
	$5.5\% \leqslant Q < 6.5\%$	重度	60
	$6.5\% \leqslant Q < 7.5\%$	严重	80
	$Q \geqslant 7.5\%$	报废	100

续表

钢丝绳类型	直径的等值减小量 Q（用公称直径的百分比表示）	严重程度分级	
		程度	%
阻旋转钢丝绳	$Q<1\%$	—	0
	$1\%\leqslant Q<2\%$	轻度	20
	$2\%\leqslant Q<3\%$	中度	40
	$3\%\leqslant Q<4\%$	重度	60
	$4\%\leqslant Q<5\%$	严重	80
	$Q\geqslant 5\%$	报废	100

腐蚀报废基准和严重程度分级　　　　　　　　　　　　表 3-6

腐蚀类型	状态	严重程度分级
外部腐蚀[a]	表面存在氧化迹象，但能够擦净 钢丝表面手感粗糙 钢丝表面重度凹痕以及钢丝松弛[b]	浅表——0% 重度——60%[c] 报废——100%
内部腐蚀[d]	内部腐蚀的明显可见迹象——腐蚀碎屑从外绳股之间的股沟溢出[e]	报废——100%或 如果主管人员认为可行，则按《起重机 钢丝绳 保养、维护、检验和报废》GB/T 5972—2016 附录 C 所给的步骤进行内部检验
摩擦腐蚀	摩擦腐蚀过程为：干燥钢丝和绳股之间的持续摩擦产生钢质微粒的移动，然后是氧化，并产生形态为干粉（类似红铁粉）状的内部腐蚀碎屑	对此类迹象特征宜作进一步探查，若仍对其严重性存在怀疑，宜将钢丝绳报废（100%）

a 实例参见《起重机 钢丝绳 保养、维护、检验和报废》GB/T 5972—2016 图 B.11 和图 B.12。钢丝绳外部腐蚀进程的实例，参见《起重机 钢丝绳 保养、维护、检验和报废》GB/T 5972—2016 附录 H。
b 对其他中间状态，宜对其严重程度分级做出评估（即在综合影响中所起的作用）。
c 镀锌钢丝的氧化也会导致钢丝表面手感粗糙，但是总体状况可能不如非镀锌钢丝严重。在这种情况下，检验人员可以考虑将表中所给严重程度分级降低一级作为其在综合影响中所起的作用。
d 实例参见《起重机 钢丝绳 保养、维护、检验和报废》GB/T 5972—2016 图 B.19。
e 虽然对内部腐蚀的评估是主观的，但如果对内部腐蚀的严重程度有怀疑，就宜将钢丝绳报废。
注：内部腐蚀或摩擦腐蚀能够导致直径增大。

2）自升平台钢丝绳直径不应小于 8mm，安全系数不应小于 12。

3）提升吊笼钢丝绳直径不应小于 12mm，安全系数不应小于 8。

4）安装吊杆钢丝绳直径不应小于 6mm，安全系数不应小于 8。

5）缆风绳直径不应小于 8mm，安全系数不应小于 3.5。

6）当钢丝绳端部固定采用绳夹时，绳夹规格应与绳径匹配，数量不应少于 3 个，间距不应小于绳径的 6 倍，绳夹夹座安放在长绳一侧，不得正反交错设置。

注：本内容参照《龙门架及井架物料提升机安全技术规范》（JGJ 88—2010）第 5.4 节规定和《起重机 钢丝绳 保养、维护、检验和报废》GB/T 5972—2016 中表 3、表 4、表 5 和表 6 的规定。

（2）钢丝绳宜设防护槽，槽内应设滚动托架，且应采用钢板网将槽口封盖。钢丝绳不得拖地或浸泡在水中。

注：本内容参照《龙门架及井架物料提升机安全技术规范》（JGJ 88—2010）第

9.1.8条规定。

3.4.3　附墙、缆风绳、地锚的设置

📋《工程质量安全手册》第4.3.4（3）条：

附墙符合要求。缆风绳、地锚的设置符合规范及专项施工方案要求。

📖**安全实施细则：**

1. 安全目标

保证提升机的整体稳定性，不发生倾覆事故。

2. 安全保障措施

（1）附墙架

1）当导轨架的安装高度超过设计的最大独立高度时，必须安装附墙架。

2）宜采用制造商提供的标准附墙架，当标准附墙架结构尺寸不能满足要求时，可经设计计算采用非标附墙架，并应符合下列规定：

① 附墙架的材质应与导轨架相一致；

② 附墙架与导轨架及建筑结构采用刚性连接，不得与脚手架连接；

③ 附墙架间距、自由端高度不应大于使用说明书的规定值；

④ 附墙架的结构形式，可按下述选用。

注：本内容参照《龙门架及井架物料提升机安全技术规范》（JGJ 88—2010）第8.2节规定。

3）型钢制作的附墙架与建筑结构的连接可预埋专用铁件，用螺栓连接（图3-6）。

4）用钢管制作的附墙架与建筑结构连接，可预埋与附墙架规格相同的短管（图3-7），用扣件连接。预埋短管悬臂长度 a 不得大于200mm，埋深长度 h 不得小于300mm。

注：本内容参照《龙门架及井架物料提升机安全技术规范》（JGJ 88—2010）附录A规定。

（2）缆风绳

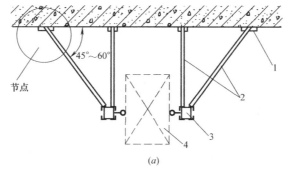

图 3-6　型钢附墙架与埋件连接及节点详图

（a）型钢附墙架与埋件连接

1—预埋铁件；2—附墙架；3—龙门架立柱；4—吊笼

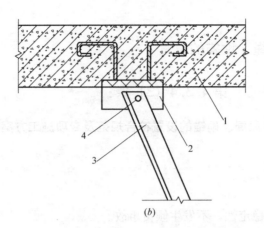

图 3-6　型钢附墙架与埋件连接及节点详图（续）

（b）节点详图

1—混凝土构件；2—预埋铁件；3—附墙架杆件；4—连接螺栓

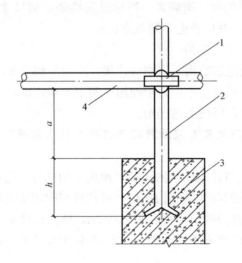

图 3-7　钢管附墙架与预埋钢管连接

1—连接扣件；2—预埋短管；3—钢筋混凝土；4—附墙架杆件

当物料提升机安装条件受到限制不能使用附墙架时，可采用缆风绳，缆风绳的设置应符合说明书的要求，并应符合下列规定：

1）每一组四根缆风绳与导轨架的连接点应在同一水平高度，且应对称设置；缆风绳与导轨架的连接处应采取防止钢丝绳受剪破坏的措施；

2）缆风绳宜设在导轨架的顶部；当中间设置缆风绳时，应采取增加导轨架刚度的措施；

3）缆风绳与水平面夹角宜在 45°～60° 之间，并应采用与缆风绳等强度的花篮螺栓与地锚连接。

注：本内容参照《龙门架及井架物料提升机安全技术规范》（JGJ 88—2010）第 8.3 节规定。

（3）地锚

1）地锚应根据导轨架的安装高度及土质情况，经设计计算确定。

2）30m 以下物料提升机可采用桩式地锚。当采用钢管（48mm×3.5mm）或角钢（75mm×6mm）时，不应少于 2 根；应并排设置，间距不应小于 0.5mm，打入深度不应小于 1.7m；顶部应设有防止缆风绳滑脱的装置。

注：本内容参照《龙门架及井架物料提升机安全技术规范》（JGJ 88—2010）第 8.4 节规定。

Chapter ▶ 04

模板支撑体系安全生产现场控制

4.1 模板支撑体系材料和构配件

📋《工程质量安全手册》第 4.4.1 条：

> 按规定对搭设模板支撑体系的材料、构配件进行现场检验，扣件抽样复试。

📖 安全实施细则：

4.1.1 模板支撑体系的材料

1. 安全目标

合格的材料，是保证整个支撑体系安全的根本之一。

2. 安全保障措施

（1）钢材

1）为保证模板结构的承载能力，防止在一定条件下出现脆性破坏，应根据模板体系的重要性、荷载特征、连接方法等不同情况，选用适合的钢材型号和材性，且宜采用 Q235 钢和 Q345 钢。对模板的支架材料宜优先选用钢材。

2）模板的钢材应采用材料质量符合国家标准规定的钢材。

3）下列情况的模板承重结构和构件，不应采用 Q235 沸腾钢：

① 工作温度低于一20℃承受静力荷载的受弯及受拉的承重结构或构件；

② 工作温度等于或低于一30℃的所有承重结构或构件。

4）承重结构采用的钢材应具有抗拉强度、伸长率、屈服强度和硫、磷含量的合格保证，对焊接结构尚应具有碳含量的合格保证。焊接的承重结构以及重要的非焊接承重结构采用的钢材还应具有冷弯试验的合格保证。

① 抗拉强度：是衡量钢材抵抗拉断的性能指标，而且是直接反映钢材内部组织的优劣，并与疲劳强度有着比较密切的关系。

② 伸长率：是衡量钢材塑性性能的指标。而塑性又是在外力作用下产生永久变形时抵抗断裂的能力。因此，除应具有较高的强度外，尚应要求具有足够的伸长率。

③ 屈服强度（或屈服点）：是衡量结构的承载能力和确定强度设计值的重要指标。

④ 冷弯试验：是钢材塑性指标之一，也是衡量钢材质量的一个综合性指标。通过冷

弯试验，可以检验钢材组织、结晶情况和非金属夹杂物分布等缺陷，在一定程度上也是鉴定焊接性能的一个指标。

⑤硫、磷含量：是建筑钢材中的主要杂质，对钢材的力学性能和焊接接头的裂纹敏感性有较大影响。硫能生成易于熔化的硫化铁，当热加工到 800～1200℃ 时，能出现裂纹，称为热脆。硫化铁又能形成夹杂物，不仅促使钢材起层，还会引起应力集中，降低钢材的塑性和冲击韧性。磷是以固溶体的形式溶解于铁素体中，这种固溶体很脆，加以磷的偏析比硫更严重，形成的富磷区促使钢变脆（冷脆），因而降低钢的塑性、韧性及可焊性。

⑥碳含量：因建筑钢的焊接性能主要取决于碳含量，碳的合适含量，宜控制在 0.12%～0.2% 之间，超出该范围幅度越多，焊接性能变差的程度就越大。

5）当结构工作温度不高于 -20℃ 时，对 Q235 钢和 Q345 钢应具有 0℃ 冲击韧性的合格保证；对 Q390 钢和 Q420 钢应具有 -20℃ 冲击韧性的合格保证。

注：本内容参照《建筑施工模板安全技术规范》（JGJ 162—2008）第 3.1.1～3.1.5 条的规定。

（2）冷弯薄壁型钢

1）用于承重模板结构的冷弯薄壁型钢的带钢或钢板，应采用符合规定的 Q235 钢和 Q345 钢。

2）用于承重模板结构的冷弯薄壁型钢的带钢或钢板，应具有抗拉强度、伸长率、屈服强度、冷弯试验和硫、磷含量的合格保证；对焊接结构尚应具有碳含量的合格保证。

3）在冷弯薄壁型钢模板结构设计图中和材料订货文件中，应注明所采用钢材的牌号和质量等级、供货条件及连接材料的型号（或钢材的牌号）。必要时尚应注明对钢材所要求的机械性能和化学成分的附加保证项目。

注：本内容参照《建筑施工模板安全技术规范》（JGJ 162—2008）第 3.2.1～3.2.5 条的规定。

（3）木材

1）模板结构或构件的树种应根据各地区实际情况选择质量好的材料，不得使用有腐朽、霉变、虫蛀、折裂、枯节的木材。

2）模板结构设计应根据受力种类或用途按表 4-1 的要求选用相应的木材材质等级。

模板结构或构件的木材材质等级　　　　　　　　　　表 4-1

主 要 用 途	材 质 等 级
受拉或拉弯构件	Ⅰa
受弯或压弯构件	Ⅱa
受压构件	Ⅲa

3）用于模板体系的原木、方木和板材可采用目测法分级。

4）用于模板结构或构件的木材，应从表 4-2 和表 4-3 所列树种中选用。主要承重构件应选用针叶材；重要的木制连接件应采用细密、直纹、无节和无其他缺陷的耐腐蚀的硬质阔叶材。

针叶树种木材适用的强度等级 表 4-2

强度等级	组别	适用树种
TC17	A	柏木 长叶松 湿地松 粗皮落叶松
	B	东北落叶松 欧洲赤松 欧洲落叶松
TC15	A	铁杉 油杉 天平洋海岸黄柏 花旗松-落叶松 西部铁杉 南方松
	B	鱼鳞云杉 西南云杉 南亚松
TC13	A	新疆落叶松 云南松 马尾松 扭叶松 北美落叶松 海岸松
	B	红皮云杉 丽江云杉 樟子松 红松 西加云杉 俄罗斯红松 欧洲云杉 北美地云杉 北美山地云杉 北美短叶松
TC11	A	西北云杉 新疆云杉 北美黄松 云杉-松-冷杉 铁-冷杉 东部铁杉 杉木
	B	冷杉 速生杉木 速生马尾松 新西兰辐射松

阔叶树种木材适用的强度等级 表 4-3

强度等级	适用树种
TB20	青冈 栲木 门格里斯木 卡普木 沉水稍克隆 绿心木 紫心木 李叶豆 塔特布木
TB17	栎木 达荷马木 萨佩莱木 苦油树 毛罗藤黄
TB15	锥栗(栲木)黄海兰蒂 梅萨瓦木 红劳罗木
TB13	深红梅兰蒂 浅红梅兰蒂 白梅兰蒂 巴西红厚壳木

5）当采用新利用树种木材时，应注意以下一些问题：

① 对于扩大树种利用问题，应持积极、慎重的态度，坚持一切经过试验和试点工程的考验再推广使用。

② 应与规范中常用木材分开，将新利用树种单独对待，并作专门规定进行设计使用。

③ 目前应仅限制在受压和受弯构件中应用，暂不要用于受拉构件。因此，为确保工程质量，现仅推荐在楞梁、帽木、夹木、支架立柱和较小的钢木桁架中使用。

④ 考虑到设计经验不足和过去民间建筑用料较大等情况，在确定新利用树种木材的设计指标时，不宜单纯依据试验值，而最好按工程实践经验作适当降低调整。

⑤ 对新利用树种的采用，应特别强调要进行防腐和防虫的处理，并可从通风防潮和药剂处理两方面来采取防腐和防虫的措施，以便保证周转和使用上的安全。

6）在建筑施工模板工程中使用进口木材时，应符合下列规定：

① 应选择天然缺陷和干燥缺陷少、耐腐朽性较好的树种木材；

② 每根木材上应有经过认可的认证标识，认证等级应附有说明，并应符合国家商检规定；进口的热带木材，还应附有无活虫虫孔的证书；

③ 进口木材应有中文标识，并应按国别、等级、规格分批堆放，不得混淆；储存期间应防止木材霉变、腐朽和虫蛀；

④ 对首次采用的树种，必须先进行试验，达到要求后方可使用。

7）当需要对模板结构或构件木材的强度进行测试验证时，应按现行国家标准《木结构设计规范》（GB 50005—2017）的检验标准进行。

8）施工现场制作的木构件，其木材含水率应符合下列规定：

① 制作的原木、方木结构，不应大于 25%；

② 板材和规格材，不应大于 20%；

③ 受拉构件的连接板，不应大于 18%；

④ 连接件，不应大于 15%。

注：本内容参照《建筑施工模板安全技术规范》（JGJ 162—2008）第 3.3.1～3.3.8 条的规定。

（4）铝合金型材

1）当建筑模板结构或构件采用铝合金型材时，应采用纯铝加入锰、镁等合金元素构成的铝合金型材。

2）铝合金型材的机械性能应符合表 4-4 的规定。

铝合金型材的机械性能　　　　　　　　　　　　　　表 4-4

牌号	材料状态	壁厚 （mm）	抗拉极限强度 σ_b（N/mm²）	屈服强度 $\sigma_{0.2}$（N/mm²）	伸长率 δ （%）	弹性模量 E_c （N/mm²）
LD₂	C_Z	所有尺寸	≥180	—	≥14	1.83×10⁵
	C_S		≥280	≥210	≥12	
LY₁₁	C_Z	≤10.0	≥360	≥220	≥12	
	C_S	10.1～20.0	≥380	≥230	≥12	
LY₁₂	C_Z	<5.0	≥400	≥300	≥10	2.14×10⁵
		5.1～10.0	≥420	≥300	≥10	
		10.1～20.0	≥430	≥310	≥10	
LC₄	C_S	≤10.0	≥510	≥440	≥6	2.14×10⁵
		10.1～20.0	≥540	≥450	≥6	

注：材料状态代号名称：C_Z—淬火（自然时效）；C_S—淬火（人工时效）。

3）铝合金型材的横向、高向机械性能应符合表 4-5 的规定。

铝合金型材的横向、高向机械性能　　　　　　　　　　　　表 4-5

牌　号	材料状态	取样部位	抗拉极限强度 σ_b （N/mm²）	屈服强度 $\sigma_{0.2}$ （N/mm²）	伸长率 δ （%）
LY₁₂	C_Z	横向	≥400	≥290	≥6
		高向	≥350	≥290	≥4
LG₄	C_S	横向	≥500	—	≥4
		高向	≥480	—	≥3

注：材料状态代号名称：C_Z—淬火（自然时效）；C_S—淬火（人工时效）。

注：本内容参照《建筑施工模板安全技术规范》（JGJ 162—2008）第 3.4.1～3.4.3 条的规定。

（5）竹、木胶合模板板材

1）胶合模板板材表面应平整光滑，具有防水、耐磨、耐酸碱的保护膜，并应有保温性能好、易脱模和可两面使用等特点，板材厚度不应小于 12mm。

2）各层板的原材含水率不应大于 15%，且同一胶合模板各层原材间的含水率差别不应大于 5%。

3）胶合模板应采用耐水胶，其胶合强度不应低于木材或竹材顺纹抗剪和横纹抗拉的强度，并应符合环境保护的要求。

① 要保证胶缝的强度不低于木材顺纹抗剪和横纹抗拉的强度。因为不论在荷载作用下或由于木材胀缩引起的内力，胶缝主要是受剪应力和垂直于胶缝方向的正应力作用。一般来说，胶缝对压应力的作用总是能够胜任的。因此，关键在于保证胶缝的抗剪和抗拉强度。当胶缝的强度不低于木材顺纹抗剪和横纹的抗拉强度时，就意味着胶连接的破坏基本上沿着木（竹）材部分发生，这也就保证了胶连接的可靠性。

② 应保证胶缝工作的耐久性。胶缝的耐久性取决于它的抗老化能力和抗生物侵蚀能力。因此，主要要求胶的抗老化能力应与结构的用途和使用的年限相适应。但为了防止使用变质的胶，故应经过胶结能力的检验，合格后方可使用。

③ 所有胶种必须符合有关环境保护的规定。对于新的胶种，必须提出有经过主管机关鉴定合格的试验研究报告为依据，方可使用或推广使用。

4）进场的胶合模板除应具有出厂质量合格证外，还应保证外观及尺寸合格。

5）竹胶合模板技术性能应符合表 4-6 的规定。

竹胶合模板技术性能　　　　　　　　　　　　　　表 4-6

项　目		平均值	备　注
静曲强度 σ (N/mm²)	3 层	113.30	$\sigma=(3PL)/(2bh^2)$ 式中　P——破坏荷载； 　　　　L——支座距离（240mm）； 　　　　b——试件宽度（20mm）； 　　　　h——试件厚度（胶合模板 h=15mm）
	5 层	105.50	
弹性模量 E (N/mm²)	3 层	10584	$E=4(\Delta PL^5)/(\Delta fbh^3)$ 式中　L、b、h 同上，其中 3 层 $\Delta P/\Delta f$=211.6；5 层 $\Delta P/\Delta f$=197.7
	5 层	9898	
冲击强度 A (J/cm²)	3 层	8.30	$A=Q/(b\times h)$ 式中　Q——折损耗功； 　　　　b——试件宽度； 　　　　h——试件厚度
	5 层	7.95	
胶合强度 τ (N/mm²)	3 层	3.52	$\tau=P/(b\times l)$ 式中　P——剪切破坏荷载（N）； 　　　　b——剪面宽度（20mm）； 　　　　l——切面长度（28mm）
	5 层	5.03	
握钉力 M(N/mm)		241.10	$M=P/h$ 式中　P——破坏荷载（N）； 　　　　h——试件厚度（mm）

6）常用木胶合模板的厚度宜为 12mm、15mm、18mm，其技术性能应符合下列规定：

① 不浸泡，不蒸煮：剪切强度 1.4～1.8N/mm²；

② 室温水浸泡：剪切强度 $1.2 \sim 1.8 \text{N/mm}^2$；

③ 沸水煮 24h：剪切强度 $1.2 \sim 1.8 \text{N/mm}^2$；

④ 含水率：$5\% \sim 13\%$；

⑤ 密度：$450 \sim 880 \text{kg/m}^3$；

⑥ 弹性模量：$4.5 \times 10^3 \sim 11.5 \times 10^3 \text{N/mm}^2$。

7）常用复合纤维模板的厚度宜为 12mm、15mm、18mm，其技术性能应符合下列规定：

① 静曲强度：横向 $28.22 \sim 32.3 \text{N/mm}^2$；纵向 $52.62 \sim 67.21 \text{N/mm}^2$；

② 垂直表面抗拉强度：大于 1.8N/mm^2；

③ 72h 吸水率：小于 5%；

④ 72h 吸水膨胀率：小于 4%；

⑤ 耐酸碱腐蚀性：在 1% 苛性钠中浸泡 24h，无软化及腐蚀现象；

⑥ 耐水气性能：在水蒸气中喷蒸 24h 表面无软化及明显膨胀；

⑦ 弹性模量：大于 $6.0 \times 10^3 \text{N/mm}^2$。

注：本内容参照《建筑施工模板安全技术规范》（JGJ 162—2008）第 3.5.1～3.5.7 条的规定。

4.1.2 模板支撑体系的构配件

1. 安全目标

合格的构配件，是保证整个支撑体系安全的根本之一。

2. 安全保障措施

（1）钢管

1）脚手架钢管应采用 Q235 普通钢管；钢管的钢材质量应符合规定。

2）脚手架钢管宜采用 $\phi 48.3 \times 3.6$ 钢管。每根钢管的最大质量不应大于 25.8kg。一般情况下，单双排脚手架横向水平杆最大长度不超过 2.2m，其他杆最大长度不超过 6.5m。

注：本内容参照《建筑施工扣件式钢管脚手架安全技术规范》（JGJ 130—2011）第 3.1 节的规定。

（2）扣件

1）扣件应采用可锻铸铁或铸钢制作。采用其他材料制作的扣件，应经试验证明其质量符合该标准的规定后方可使用。

2）扣件在螺栓拧紧扭力矩达到 65N·m 时，不得发生破坏。

注：本内容参照《建筑施工扣件式钢管脚手架安全技术规范》（JGJ 130—2011）第 3.2 节的规定。

（3）脚手板

1）脚手板可采用钢、木、竹材料制作，单块脚手板的质量不宜大于 30kg。

2）冲压钢脚手板的材质应符合 Q235 级钢的规定。薄钢脚手板宜采用 2mm 厚的钢板压制而成。不宜用于冬季和南方雾雨、潮湿地区。常用规格：厚度为 50mm，宽度为 250mm，长度为 2m、3m、4m 等。脚手板的一端压有直接卡口，以便在铺设时扣住另一块板的端肋，首尾相接，使脚手板不至在横杆上滑脱。可在板面冲三排梅花形布置的 $\phi25$ 圆孔作防滑处理（图 4-1）。

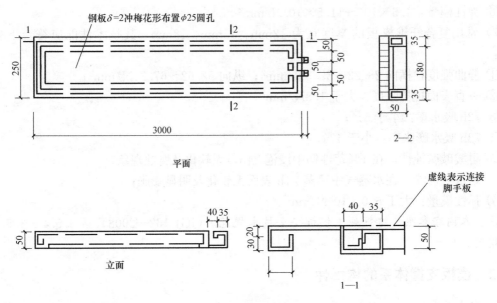

图 4-1　薄钢脚手板

3）木脚手板可采用杉木、白松，板厚不应小于 50mm，板宽宜为 200～300mm，板长宜为 6m，在距板两端 80mm 处，用 10 号钢丝紧箍两道或用薄铁皮包箍钉牢。

4）竹脚手板宜采用由毛竹或楠竹制作的竹串片板、竹笆板。竹笆脚手板应采用平放的竹片纵横编织而成。纵片不得少于 5 道且第一道用双片，横片应一反一正，四边端纵横片交点应用钢丝穿过钻孔每道扎牢。竹片厚度不得小于 10mm，宽度应为 30mm。每块竹笆脚手板应沿纵向用钢丝扎两道宽 40mm 双面夹筋，夹筋不得用圆钉固定。竹笆脚手板长应为 1.5～2.5m，宽应为 0.8～1.2m（图 4-2）。

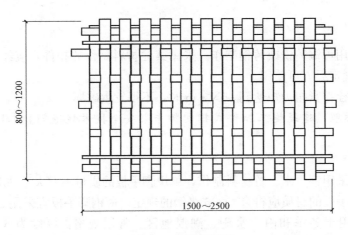

图 4-2　竹笆脚手板

5）竹串片脚手板应采用螺栓穿过并列的竹片拧紧而成，螺栓直径应为 8～10mm，间距应为 500～600mm，螺栓孔直径不得大于 10mm。板的厚度不得小于 50mm，宽度应为 250～300mm，长度应为 2～3.5m（图 4-3）。

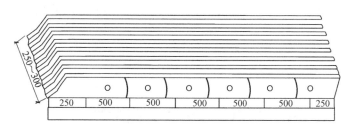

图 4-3　竹串片脚手板

6）整竹拼制脚手板应采用大头直径为 30mm，小头直径为 20～25mm 的整竹大小头一顺一倒相互排列而成。板长应为 0.8～1.2m，宽应为 1.0m。整竹之间应用 14 号镀锌钢丝编扎，应 150mm 一道。脚手板两端及中间应对称设四道双面木板条，并应采用镀锌钢丝绑牢（图 4-4）。

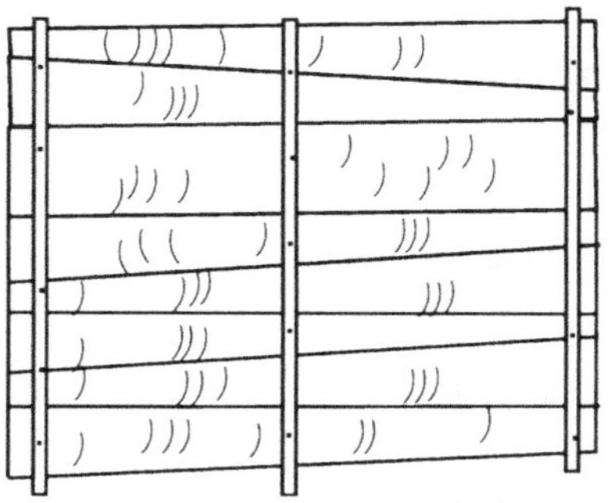

图 4-4　整竹拼制脚手板

注：本内容参照《建筑施工扣件式钢管脚手架安全技术规范》（JGJ 130—2011）第 3.3 节的规定和《建筑施工竹脚手架安全技术规范》（JGJ 254—2011）附录 A 的规定。

（4）可调托撑

1）可调托撑螺杆外径不得小于 36mm，直径与螺距应符合规定。

2）可调托撑的螺杆与支托板焊接应牢固，焊缝高度不得小于 6mm；可调托撑螺杆与螺母旋合长度不得少于 5 扣，螺母厚度不得小于 30mm。

3）可调托撑抗压承载力设计值不应小于 40kN，支托板厚不应小于 5mm。

注：本内容参照《建筑施工扣件式钢管脚手架安全技术规范》（JGJ 130—2011）第 3.4 节的规定。

（5）门架

1）门架与配件的钢管应采用符合规定的普通钢管。

2）门架立杆加强杆的长度不应小于门架高度的 70%；门架宽度不得小于 800mm，且不宜大于 1200mm。

3）门架钢管平直度允许偏差不应大于管长的 1/500，钢管不得接长使用，不应使用带有硬伤或严重锈蚀的钢管。门架立杆、横杆钢管壁厚的负偏差不应超过 0.2mm。钢管壁厚存在负偏差时，宜选用热镀锌钢管。

4）交叉支撑、锁臂、连接棒等配件与门架相连时，应有防止退出的止退机构，当连接棒与锁臂一起应用时，连接棒可不受此限。脚手板、钢梯与门架相连的挂扣，应有防止脱落的扣紧机构。

注：本内容参照《建筑施工门式钢管脚手架安全技术规范》（JGJ 128—2010）第 3 章的规定。

4.2 模板支撑体系搭设和使用安全实施细则

📋 **《工程质量安全手册》第 4.4.2 条：**

模板支撑体系的搭设和使用符合规范及专项施工方案要求。

📖 **安全实施细则：**

4.2.1 扣件式钢管支撑体系搭设

1. 安全目标
确保扣件式钢管支撑架的整体安全稳定。

2. 安全保障措施
（1）满堂支撑架立杆伸出顶层水平杆中心线至支撑点的长度 a 不应超过 0.5m。

（2）每根立杆底部应设置底座或垫板。当脚手架搭设在永久性建筑结构混凝土基面时，立杆下底座或垫板可根据情况不设置。

（3）脚手架必须设置纵、横向扫地杆。纵向扫地杆应采用直角扣件固定在距钢管底端不大于 200mm 处的立杆上。横向扫地杆亦应采用直角扣件固定在紧靠纵向扫地杆下方的立杆上。

（4）立杆基础不在同一高度上时，必须将高处的纵向扫地杆向低处延长两跨与立杆固定，高低差不应大于 1m。靠边坡上方的立杆轴线到边坡的距离不应小于 500mm（图 4-5）。

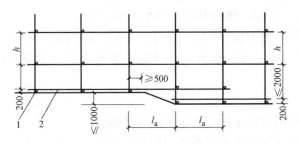

图 4-5 纵、横向扫地杆构造
1—横向扫地杆；2—纵向扫地杆

（5）脚手架立杆的对接、搭接应符合下列规定：

1）当立杆采用对接接长时，立杆的对接扣件应交错布置，两根相邻立杆的接头不应设置在同步内，同步内隔一根立杆的两个相隔接头在高度方向错开的距离不宜小于500mm；各接头中心至主节点的距离不宜大于步距的1/3；

2）当立杆采用搭接接长时，搭接长度不应小于1m，并应采用不少于2个旋转扣件固定。端部扣件盖板的边缘至杆端距离不应小于100mm。

（6）纵向水平杆的构造应符合下列规定：

1）纵向水平杆宜设置在立杆内侧，其长度不宜小于3跨；

2）纵向水平杆接长应采用对接扣件连接或搭接。并应符合下列规定：

① 两根相邻纵向水平杆的接头不宜设置在同步或同跨内；不同步或不同跨两个相邻接头在水平方向错开的距离不应小于500mm；各接头中心至最近主节点的距离不应大于纵距的1/3（图4-6）；

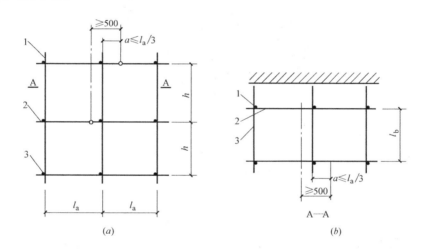

图 4-6 纵向水平杆对接接头布置

（a）接头不在同步内（立面）；（b）接头不在同跨内（平面）

1—立杆；2—纵向水平杆；3—横向水平杆

② 搭接长度不应小于1m，应等间距设置3个旋转扣件固定，端部扣件盖板边缘至搭接纵向水平杆杆端的距离不应小于100mm；

（7）横向水平杆的构造应符合下列规定：

1）作业层上非主节点处的横向水平杆，宜根据支承脚手板的需要等间距设置，最大间距不应大于纵距的1/2；

2）当使用冲压钢脚手板、木脚手板、竹串片脚手板时，双排脚手架的横向水平杆两端均应采用直角扣件固定在纵向水平杆上；单排脚手架的横向水平杆的一端，应用直角扣件固定在纵向水平杆上，另一端应插入墙内，插入长度不应小于180mm。

3）使用竹笆脚手板时，双排脚手架的横向水平杆两端，应用直角扣件固定在立杆上；单排脚手架的横向水平杆的一端，应用直角扣件固定在立杆上，另一端应插入墙内，插入长度亦不应小于180mm。

（8）主节点处必须设置一根横向水平杆，用直角扣件扣接且严禁拆除。

（9）满堂支撑架应根据架体的类型设置剪刀撑，并应符合下列规定：

1）普通型

① 在架体外侧周边及内部纵、横向每5～8m，应由底至顶设置连续竖向剪刀撑，剪刀撑宽度应为5～8m（图4-7）。

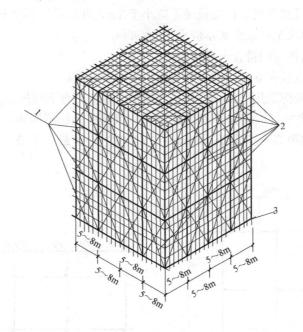

图4-7　普通型水平、竖向剪刀撑布置图
1—水平剪刀撑；2—竖向剪刀撑；3—扫地杆设置层

② 在竖向剪刀撑顶部交点平面应设置连续水平剪刀撑。当支撑高度超过8m，或施工总荷载大于15kN/m²，或集中线荷载大于20kN/m的支撑架，扫地杆的设置层应设置水平剪刀撑。水平剪刀撑至架体底平面距离与水平剪刀撑间距不宜超过8m（图4-8）。

2）加强型

① 当立杆纵、横间距为0.9m×0.9m～1.2m×1.2m时，在架体外侧周边及内部纵、横向每4跨（且不大于5m），应由底至顶设置连续竖向剪刀撑，剪刀撑宽度应为4跨。

② 当立杆纵、横间距为0.6m×0.6m～0.9m×0.9m（含0.6m×0.6m，0.9m×0.9m）时，在架体外侧周边及内部纵、横向每5跨（且不小于3m），应由底至顶设置连续竖向剪刀撑，剪刀撑宽度应为5跨。

③ 当立杆纵、横间距为0.4m×0.4m～0.6m×0.6m（含0.4m×0.4m）时，在架体外侧周边及内部纵、横向每3～3.2m应由底至顶设置连续竖向剪刀撑，剪刀撑宽度应为3～3.2m。

④ 在竖向剪刀撑顶部交点平面应设置水平剪刀撑，扫地杆的设置层应设置水平剪刀撑，水平剪刀撑至架体底平面距离与水平剪刀撑间距不宜超过6m，剪刀撑宽度应为3～5m（图4-8）。

（10）竖向剪刀撑斜杆与地面的倾角应为45°～60°，水平剪刀撑与支架纵（或横）向夹角应为45°～60°。

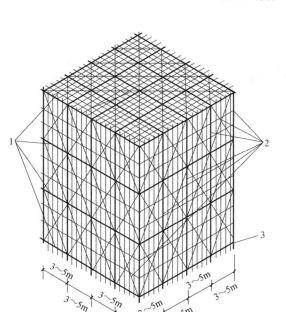

图 4-8 加强型水平、竖向剪刀撑构造布置图
1—水平剪刀撑；2—竖向剪刀撑；3—扫地杆设置层

（11）满堂支撑架的可调底座、可调托撑螺杆伸出长度不宜超过 300mm，插入立杆内的长度不得小于 150mm。

（12）当满堂支撑架高宽比不满足规定（高宽比大于 2 或 2.5）时，满堂支撑架应在支架的四周和中部与结构柱进行刚性连接，连墙件水平间距应为 6～9m，竖向间距应为 2～3m。在无结构柱部位应采取预埋钢管等措施与建筑结构进行刚性连接，在有空间部位，满堂支撑架宜超出顶部加载区投影范围向外延伸布置 2～3 跨。支撑架高宽比不应大于 3。

注：本内容参照《建筑施工扣件式钢管脚手架安全技术规范》（JGJ 130—2011）第 6.9 节的规定。

4.2.2 门式钢管支撑体系搭设

1. 安全目标
确保门式钢管支撑架的整体安全稳定。

2. 安全保障措施

（1）门架的跨距与间距应根据支架的高度、荷载由计算和构造要求确定，门架的跨距不宜超过 1.5m，门架的净间距不宜超过 1.2m。

（2）模板支架的高宽比不应大于 4，搭设高度不宜超过 24m。

（3）模板支架宜设置底座和托梁，宜采用调节架、可调底座调整高度，可调底座调节螺杆的高度不宜超过 300mm。底座和底座与门架立杆轴线的偏差不应大于 2.0mm。

（4）用于支承梁模板的门架，可采用平行或垂直于梁轴线的布置方式（图 4-9）。

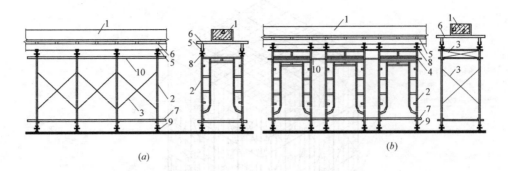

图 4-9　梁模板支架的布置方式（一）

（a）门架垂直于梁轴线布置；（b）门架平行于梁轴线布置

1—混凝土梁；2—门架；3—交叉支撑；4—调节架；5—托梁；6—小楞；7—扫地杆；

8—可调底座；9—可调底座；10—水平加固杆

（5）当梁的模板支架高度较高或荷载较大时，门架可采用复式（重叠）的布置方式（图 4-10）。

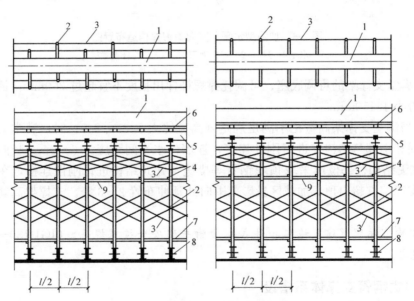

图 4-10　梁模板支架的布置方式（二）

1—混凝土梁；2—门架；3—交叉支撑；4—调节架；5—托梁；6—小楞；7—扫地杆；

8—可调底座；9—水平加固杆

（6）梁板类结构的模板支架，应分别设计。板支架跨距（或间距）宜是梁支架跨距（或间距）的倍数，梁下横向水平加固杆应伸入板支架内不少于 2 根门架立杆，并应与板下门架立杆扣紧。

（7）当模板支架的高宽比大于 2 时，宜按规定设置缆风绳或连墙件。

（8）模板支架在支架的四周和内部纵横向应与建筑结构柱、墙进行刚性连接，连接点应设在水平剪刀撑或水平加固杆设置层，并应与水平杆连接。

96

（9）模板支架应设置纵向、横向扫地杆。

（10）模板支架在每步门架两侧立杆上应设置纵向、横向水平加固杆，并应采用扣件与门架立杆扣紧。

（11）模板支架应设置剪刀撑对架体进行加固，剪刀撑的设置应符合下列要求：

1）在支架的外侧周边及内部纵横向每隔 6～8m，应由底至顶设置连续竖向剪刀撑；

2）搭设高度 8m 及以下时，在顶层应设置连续的水平剪刀撑；搭设高度超过 8m 时，在顶层和竖向每隔 4 步及以下应设置连续的水平剪刀撑；

3）水平剪刀撑宜在竖向剪刀撑斜杆交叉层设置。

注：本内容参照《建筑施工门式钢管脚手架安全技术规范》（JGJ 128—2010）第 6.11 节的规定。

4.2.3 碗扣式钢管支撑体系搭设

1. 安全目标

确保碗口式钢管支撑架的整体安全稳定。

2. 安全保障措施

（1）模板支撑架应根据所承受的荷载选择立杆的间距和步距，底层纵、横向水平杆作为扫地杆，距地面高度应小于或等于 350mm，立杆底部应设置可调底座或固定底座；立杆上端包括可调螺杆伸出顶层水平杆的长度不得大于 0.7m。

（2）模板支撑架斜杆设置应符合下列要求：

1）当立杆间距大于 1.5m 时，应在拐角处设置通高专用斜杆，中间每排每列应设置通高八字形斜杆或剪刀撑；

2）当立杆间距小于或等于 1.5m 时，模板支撑架四周从底到顶连续设置竖向剪刀撑；中间纵、横向由底至顶连续设置竖向剪刀撑，其间距应小于或等于 4.5m；

3）剪刀撑的斜杆与地面夹角应在 45°～60°之间，斜杆应每步与立杆扣接。

（3）当模板支撑架高度大于 4.8m 时，顶端和底部必须设置水平剪刀撑，中间水平剪刀撑设置间距应小于或等于 4.8m。

（4）当模板支撑架周围有主体结构时，应设置连墙件。

（5）模板支撑架高宽比应小于或等于 2；当高宽比大于 2 时可采取扩大下部架体尺寸或采取其他构造措施。

（6）模板下方应放置次楞（梁）与主楞（梁），次楞（梁）与主楞（梁）应按受弯杆件设计计算。支架立杆上端应采用 U 形托撑，支撑应在主楞（梁）底部。

注：本内容参照《建筑施工碗扣式钢管脚手架安全技术规范》（JGJ 166—2008）第 6.2 节的规定。

4.2.4 模板支撑体系使用

1. 安全目标

使用过程中的检查是脚手架安全管理的重要内容，应坚持定期检查，并及时消除影响脚手架安全的各种隐患，使脚手架始终处于良好的工作状态。

2. 安全保障措施

（1）模板支撑体系在使用过程中，应定期进行检查，检查项目应符合下列规定：

1）主要受力杆件、剪刀撑等加固杆件、连墙件应无缺失、无松动，架体应无明显变形；

2）场地应无积水，立杆底端应无松动、无悬空；

3）安全防护设施应齐全、有效，应无损坏缺失。

（2）当遇有下列情况之一时，应进行检查，确认安全后方可继续使用支撑体系：

1）遇有 6 级及以上强风或大雨过后；

2）冻结的地基土解冻后；

3）停用超过 1 个月；

4）架体部分拆除；

5）其他特殊情况。

注：本内容参照《建筑施工脚手架安全技术统一标准》（GB 51210—201……6）第 11.1.5 和 11.1.6 条的规定。

4.3　混凝土浇筑安全实施细则

📋《工程质量安全手册》第 4.4.3 条：

混凝土浇筑时，必须按照专项施工方案规定的顺序进行，并指定专人对模板支撑体系进行监测。

📖安全实施细则：

4.3.1　混凝土浇筑顺序

1. 安全目标

保证结构件在浇筑混凝土的过程中不发生坍塌等安全事故。

2. 安全保障措施

（1）混凝土浇筑应保证混凝土的均匀性和密实性。混凝土宜一次连续浇筑。

（2）混凝土应分层浇筑，分层厚度应符合表 4-7 的规定，上层混凝土应在下层混凝土初凝之前浇筑完毕。

混凝土分层振捣的最大厚度　　　　　　　　　　　表 4-7

振 捣 方 法	混凝土分层振捣最大厚度
振动棒	振动棒作用部分长度的 1.25 倍
平板振动器	200mm
附着振动器	根据设置方式,通过试验确定

（3）宜先浇筑竖向结构构件，后浇筑水平结构构件；浇筑区域结构平面有高差时，宜先浇筑低区部分，再浇筑高区部分。

（4）柱、墙混凝土设计强度等级高于梁、板混凝土设计强度等级时，宜先浇筑强度等级高的混凝土，后浇筑强度等级低的混凝土。

（5）超长结构混凝土浇筑应符合下列规定：

1）可留设施工缝分仓浇筑，分仓浇筑间隔时间不应少于7d；

2）当留设后浇带时，后浇带封闭时间不得少于14d；

3）超长整体基础中调节沉降的后浇带，混凝土封闭时间应通过监测确定，应在差异沉降稳定后封闭后浇带；

4）后浇带的封闭时间尚应经设计单位确认。

注：本内容参照《混凝土结构工程施工规范》（GB 50666—2011）第8.3.2、8.3.3、8.3.5、8.3.8、8.3.11条的规定。

4.3.2 模板支撑体系监测

1. 安全目标

及时消除影响模板支撑体系安全的各种隐患，使模板支撑体系始终处于良好的工作状态。

2. 安全保障措施

（1）在进行混凝土浇筑的时候，应对支撑体系进行检查，检查项目应符合下列规定：

1）主要受力杆件、剪刀撑等加固杆件、连墙件应无缺失、无松动，架体应无明显变形；

2）场地应无积水，立杆底端应无松动、无悬空；

3）安全防护设施应齐全、有效，应无损坏缺失。

注：本内容参照《建筑施工脚手架安全技术统一标准》（GB 51210—2016）第11.1.5条的规定。

4.4 模板支撑体系拆除安全实施细则

📋《工程质量安全手册》第4.4.4条：

模板支撑体系的拆除符合规范及专项施工方案要求。

📖安全实施细则：

1. 安全目标

确保在模板支撑体系的拆除过程中不发生坍塌和人员伤亡等事故。

2. 安全保障措施

（1）底模及支架应在混凝土强度达到设计要求后再拆除；当设计无具体要求时，同条件养护的混凝土立方体试件抗压强度应符合表4-8的规定。

底模拆除时的混凝土强度要求　　　　　　　　　　　　　表 4-8

构件类型	构件跨度(m)	达到设计混凝土强度等级值的百分率(%)
板	≤2	≥50
	>2,≤8	≥75
	>8	≥100
梁、拱、壳	≤8	≥75
	>8	≥100
悬臂结构		≥100

注：本内容参照《混凝土结构工程施工规范》（GB 50666—2011）第 4.5.2 条的规定。

（2）多个楼层间连续支模的底层支架拆除时间，应根据连续支模的楼层间荷载分配和混凝土强度的增长情况确定。

注：本内容参照《混凝土结构工程施工规范》（GB 50666—2011）第 4.5.4 条的规定。

（3）快拆支架体系的支架立杆间距不应大于 2m。拆模时，应保留立杆并顶托支承楼板，拆模时的混凝土强度可按表 4-8 中构件跨度为 2m 的规定确定。

注：本内容参照《混凝土结构工程施工规范》（GB 50666—2011）第 4.5.5 条的规定。

（4）模板支撑体系拆除应按专项方案施工要求进行，拆除前应做好下列准备工作：

1）应全面检查支撑架的扣件连接、连墙件、支撑体系等是否符合构造要求；

2）应根据检查结果补充完善脚手架专项方案中的拆除顺序和措施，经审批后方可实施；

3）拆除前应对施工人员进行交底；

4）应清除支撑架上杂物及地面障碍物。

（5）架体拆除作业应设专人指挥，当有多人同时操作时，应明确分工、统一行动，且应具有足够的操作面。

（6）卸料时各构配件严禁抛掷至地面。

（7）运至地面的构配件应及时检查、整修与保养，并应按品种、规格分别存放。

注：本内容参照《建筑施工扣件式钢管脚手架安全技术规范》（JGJ 130—2011）第 7.5 节的规定。

Chapter ▶ 05

临时用电安全生产现场控制

5.1 编制临时用电施工组织设计

📋《工程质量安全手册》第4.5.1条：

按规定编制临时用电施工组织设计，并履行审核、验收手续。

📖安全实施细则：

5.1.1 什么情况下需编制临电组织设计

1. 安全目标

编制临电组织设计，用以指导建造用电工程，保障用电安全可靠。

2. 安全保障措施

（1）施工现场临时用电设备在5台及以上或设备总容量在50kW及以上者，应按照规定做好用电组织设计，用以指导建造用电工程，保障用电安全可靠。

（2）施工现场临时用电设备在5台以下和设备总容量在50kW以下者，应制订安全用电和电气防火措施，并且与临时用电组织设计一样，严格履行相同的编制、审核、批准程序。

注：本内容参照《施工现场临时用电安全技术规范》（JGJ 46—2005）第3.1.1、3.1.6条的规定。

5.1.2 临电施组的相关要求

1. 安全目标

编制临电组织设计，用以指导建造用电工程，保障用电安全可靠。

2. 安全保障措施

（1）施工现场临时用电组织设计应包括下列内容：

1）现场勘测；

2）确定电源进线、变电所或配电室、配电装置、用电设备位置及线路走向；

3）进行负荷计算；

4）选择变压器；

5）设计配电系统：设计配电线路，选择导线或电缆；设计配电装置，选择电器；设计接地装置；绘制临时用电工程图样，主要包括用电工程总平面图、配电装置布置图、配电系统接线图、接地装置设计图。

6）设计防雷装置；

7）确定防护措施；

8）制订安全用电措施和电气防火措施。

（2）临时用电工程图样应单独绘制，临时用电工程应按图施工。

（3）临时用电组织设计及变更时，必须履行"编制、审核、批准"程序，由电气工程技术人员组织编制，经相关部门审核及具有法人资格企业的技术负责人批准后实施。变更用电组织设计时应补充有关图样资料。

（4）临时用电工程必须经编制、审核、批准部门和使用单位共同验收，合格后方可投入使用。

注：本内容参照《施工现场临时用电安全技术规范》（JGJ 46—2005）第3.1.2、3.1.3、3.1.4、3.1.5条的规定。

5.2 现场临时用电管理安全实施细则

《工程质量安全手册》第4.5.2条：

施工现场临时用电管理符合相关要求。

安全实施细则：

5.2.1 安全技术档案

1. 安全目标
建立安全技术档案，可以保证施工临时用电做到有据可查。

2. 安全保障措施
（1）施工现场临时用电必须建立安全技术档案，并应包括下列内容：

1）用电组织设计的安全资料；

2）修改用电组织设计的资料；

3）用电技术交底资料；

4）用电工程检查验收表；

5）电气设备的试、检验凭单和调试记录；

6）接地电阻、绝缘电阻和漏电保护器漏电动作参数测定记录表；

7）定期检（复）查表；

8）电工安装、巡检、维修、拆除工作记录。

（2）安全技术档案应由主管该现场的电气技术人员负责建立与管理。其中"电工安装、巡检、维修、拆除工作记录"可指定电工代管，每周由项目经理审核认可，并应在临时用电工程拆除后统一归档。

（3）临时用电工程应定期检查。定期检查时，应复查接地电阻值和绝缘电阻值。

（4）临时用电工程定期检查应按分部、分项工程进行，对安全隐患必须及时处理，并应履行复查验收手续。

注：本内容参照《施工现场临时用电安全技术规范》（JGJ 46—2005）第3.3节的规定。

5.2.2 电工及用电人员

1. 安全目标

确保人员不发生触电事故，以及保证用电设备的安全。

2. 安全保障措施

（1）电工必须经过按国家现行标准考核合格后，持证上岗工作；其他用电人员必须通过相关教育培训和技术交底，考核合格后方可上岗工作。

（2）安装、巡检、维修或拆除临时用电设备和线路，必须由电工完成，并应有人监护。电工等级应同工程的难易程度和技术复杂性相适应。

（3）各类用电人员应掌握安全用电基本知识和所用设备的性能，并应符合下列规定：

1）使用电气设备前必须按规定穿戴和配备好相应的劳动防护用品，并应检查电气装置和保护设施，严禁设备带"缺陷"运转；

2）保管和维护所用设备，发现问题及时报告解决；

3）暂时停用设备的开关箱必须分断电源隔离开关，并应关门上锁；

4）移动电气设备时，必须经电工切断电源并做妥善处理后进行。

注：本内容参照《施工现场临时用电安全技术规范》（JGJ 46—2005）第3.2节的规定。

5.3 现场配电系统安全实施细则

📋《工程质量安全手册》第4.5.3条：

施工现场配电系统符合规范要求。

📖安全实施细则：

5.3.1 配电箱、开关箱

1. 安全目标

保证施工现场用电设备能够正常使用，以及保证操作人员的人身安全。

2. 安全保障措施

（1）配电系统应设置配电柜或总配电箱、分配电箱、开关箱，实行三级配电。

配电系统宜使三相负荷平衡。220V或380V单相用电设备宜接入220/380V三相四线系统；当单相照明线路电流大于30A时，宜采用220/380V三相四线制供电。

（2）总配电箱以下可设若干分配电箱；分配电箱以下可设若干开关箱。

总配电箱应设在靠近电源的区域，分配电箱应设在用电设备或负荷相对集中的区域，分配电箱与开关箱的距离不得超过30m，开关箱与其控制的固定式用电设备的水平距离不宜超过 3m。

（3）每台用电设备必须有各自专用的开关箱，严禁用同一个开关箱直接控制 2 台及 2 台以上用电设备（含插座）。

（4）动力配电箱与照明配电箱宜分别设置。当合并设置为同一配电箱时，动力和照明应分路配电；动力开关箱与照明开关箱必须分设。

（5）配电箱、开关箱应装设在干燥、通风及常温场所，不得装设在有严重损伤作用的瓦斯、烟气、潮气及其他有害介质中，亦不得装设在易受外来固体物撞击、强烈振动、液体浸溅及热源烘烤场所。否则，应予清除或做防护处理。

（6）配电箱、开关箱周围应有足够 2 人同时工作的空间和通道，不得堆放任何妨碍操作、维修的物品，不得有灌木、杂草。

（7）配电箱、开关箱应采用冷轧钢板或阻燃绝缘材料制作，钢板厚度应为 1.2～2.0mm，其中开关箱箱体钢板厚度不得小于 1.2mm，配电箱箱体钢板厚度不得小于 1.5mm，箱体表面应做防腐处理。

（8）配电箱、开关箱应装设端正、牢固。固定式配电箱、开关箱的中心点与地面的垂直距离应为 1.4～1.6m。移动式配电箱、开关箱应装设在坚固、稳定的支架上。其中心点与地面的垂直距离宜为 0.8～1.6m。

（9）配电箱、开关箱内的电器（含插座）应先安装在金属或非木质阻燃绝缘电器安装板上，然后方可整体紧固在配电箱、开关箱箱体内。

金属电器安装板与金属箱体应做电气连接。

（10）配电箱、开关箱内的电器（含插座）应按其规定位置紧固在电器安装板上，不得歪斜和松动。

（11）配电箱的电器安装板上必须分设 N 线端子板和 PE 线端子板。N 线端子板必须与金属电安装板绝缘；PE 线端子板必须与金属电器安装板做电气连接。

进出线中的 N 线必须通过 N 线端子板连接；PE 线必须通过 PE 线端子板连接。

（12）配电箱、开关箱内的连接线必须采用铜芯绝缘导线。导线绝缘的颜色标志应按，相线 L_1（A）、L_2（B）、L_3（C）相序的绝缘颜色依次为黄、绿、红色；N 线的绝缘颜色为淡蓝色；PE 线的绝缘颜色为绿/黄双色，配置并排列整齐；导线分支接头不得采和螺栓压接，应采用焊接并做绝缘包扎，不得有外露带电部分。

（13）配电箱、开关箱的金属箱体、金属电器安装板以及电器正常不带电的金属底座、外壳等必须通过 PE 线端子板与 PE 线做电气连接，金属箱门与金属箱必须通过采用编织软铜线做电气连接。

（14）配电箱、开关箱的箱体尺寸应与箱内电器的数量和尺寸相适应，箱内电器安装板板面电器安装尺寸可按照表 5-1 确定。

配电箱、开关箱内电器安装尺寸选择值　　　　　　　　表 5-1

间距名称	最小净距（mm）
并列电器（含单极熔断器）间	30
电器进、出线瓷管（塑胶管）孔与电器边沿间	15A，30 20～30A，50 60A 及以上，80

间距名称	最小净距(mm)
上、下排电器进出线瓷管(塑胶管)孔间	25
电器进、出线瓷管(塑胶管)孔至板边	40
电器至板边	40

（15）配电箱、开关箱中导线的进线口和出线口应设在箱体的下底面。

（16）配电箱、开关箱的进、出线口应配置固定线卡、进出线应加绝缘护套并成束卡在箱体上，不得与箱体直接接触。移动式配电箱、开关箱的进出线应采用橡皮护套绝缘电缆，不得有接头。

（17）配电箱、开关箱外形结构应能防雨、防尘。

注：本内容参照《施工现场临时用电安全技术规范》(JGJ 46—2005) 8.1节的规定。

5.3.2 架空线路

1．安全目标

保证施工现场用电设备能够正常使用，以及保证操作人员的人身安全。

2．安全保障措施

（1）架空线必须采用绝缘导线。

（2）架空线必须架设在专用电杆上，严禁架设在树木、脚手架及其他设施上。

（3）架空线导线截面的选择应符合下列要求：

1）导线中的计算负荷电流不大于其长期连续负荷允许载流量。

2）线路末端电压偏移不大于其额定电压的5％。

3）三相四线制线路的N线和PE线截面不小于相线截面的50％，单相线路的零线截面与相线截面相同。

4）按机械强度要求，绝缘铜线截面不小于$10mm^2$，绝缘铝线截面不小于$16mm^2$。

5）在跨越铁路、公路、河流、电力线路档距内，绝缘铜线截面不小于$16mm^2$。绝缘铝线截面不小于$25mm^2$。

（4）架空线在一个档距内，每层导线的接头数不得超过该层导线条数的50％，且一条导线应只有一个接头。

在跨越铁路、公路、河流、电力线路档距内，架空线不得有接头。

（5）架空线路相序排列应符合下列规定：

1）动力、照明线在同一横担上架设时，导线相序排列是：面向负荷从左侧起依次为L_1、N、L_2、L_3、PE；

2）动力、照明线在二层横担上分别架设时，导线相序排列是：上层横担面向负荷从左侧起依为L_1、L_2、L_3；下层横担面向负荷从左侧起依次为L_1（L_2、L_3）、N、PE。

（6）架空线路的档距不得大于35m。

（7）架空线路的线间距不得小于0.3m，靠近电杆的两导线的间距不得小于0.5m。

（8）架空线路横担间的最小垂直距离不得小于表5-2所列数值；横担宜采用角钢或方木、低压铁横担角钢应按表5-3选用，方木横担截面应按$80mm×80mm$选用；横担长度应按表 5-4 选用。

横担间的最小垂直距离（m） 表 5-2

排列方式	直线杆	分支或转角杆
高压与低压	1.2	1.0
低压与低压	0.6	0.3

低压铁横担角钢选用 表 5-3

导线截面(mm²)	直线杆	分支或转角杆	
		二线及三线	四线及以上
16 25 35 50	L50×5	2×L50×5	2×L63×5
70 95 120	L63×5	2×L63×5	2×L70×6

横担长度选用 表 5-4

横担长度(m)		
二线	三线、四线	五线
0.7	1.5	1.8

（9）架空线路与邻近线路或固定物的距离应符合表 5-5 的规定。

架空线路与邻近线路或固定物的距离 表 5-5

项目	距离类别					
最小净空 距离(m)	架空线路的过引线、 接下线与邻线	架空线与架空线 电杆外缘		架空线与摆动最大时树梢		
	0.13	0.05		0.50		
最小垂直 距离(m)	架空线同杆架 设下方的通信、 广播线路	架空线最大弧垂与地面		架空线最大弧 垂与暂设工程 顶端	架空线与邻近电力线路交叉	
		施工现场	机动车道	铁路轨道		1kV 以下	1~10kV
	1.0	4.0	6.0	7.5	2.5	1.2	2.5
最小水平 距离(m)	架空线电杆与路基边缘	架空线电杆与铁路轨道边缘		架空线边线与建筑物凸出部分		
	1.0	杆高(m)+3.0		1.0		

（10）架空线路宜采用钢筋混凝土杆或木杆。钢筋混凝土杆不得有露筋、宽度大于 0.4mm 的裂纹和扭曲；木杆不得腐杇，其梢径不应小于 140mm。

（11）电杆埋设深度宜为杆长的 1/10 加 0.6m，回填土应分层夯实。在松软土质处宜加大埋入深度或采用卡盘等加固。

（12）直线杆和 15°以下的转角杆，可采用单横担单绝缘子，但跨越机动车道时应采用单横担双绝缘子；15°~45°的转角杆应采用双横担双绝缘子；45°以上的转角杆，应采用十字横担。

（13）架空线路绝缘子应按下列原则选择：

1）直线杆采用针式绝缘子；

2）耐张杆采用蝶式绝缘子。

（14）电杆的拉线宜采用不少于 3 根 D 4.0mm 的镀锌钢丝。拉线与电杆的夹角应在 30°～45°之间。拉线埋设深度不得小于 1m。电杆拉线如从导线之间穿过，应在高于地面 2.5m 处装设拉线绝缘子。

（15）因受地表环境限制不能装设拉线时，可采用撑杆代替拉线，撑杆埋设深度不得小于 0.8m，其底部应垫底盘或石块。撑杆与电杆的夹角宜为 30°。

（16）接户线在档距内不得有接头，进线处离地高度不得小于 2.5m。接户线最小截面应符合表 5-6 规定。接户线线间及与邻近线路间的距离应符合表 5-7 的要求。

接户线的最小截面　　　　　　　　　　　　　表 5-6

接户线架设方式	接户线长度（m）	接户线截面（mm²）	
		铜线	铝线
架空或沿墙敷设	10～25	6.0	10.0
	≤10	4.0	6.0

接户线线间及与邻近线路间的距离　　　　　　表 5-7

接户线架设方式	接户线档距（m）	接户线线间距离（mm）
架空敷设	≤25	150
	>25	200
沿墙敷设	≤6	100
	>6	150
架空接户线与广播电话线交叉时的距离（mm）		接户线在上部，600 接户线在下部，300
架空或沿墙敷设的接户线零线和相线交叉时的距离（mm）		100

（17）架空线路必须有短路保护。

采用熔断器做短路保护时，其熔体额定电流不应大于明敷绝缘导线长期连续负荷允许载流量的 1.5 倍。采用断路器做短路保护时，其瞬动过流脱扣器脱扣电流整定值应小于线路末端单相短路电流。

（18）架空线路必须有过载保护。

采用熔断器或断路器做过载保护时，绝缘导线长期连续负荷允许载流量不应小于熔断器熔体额定电流或断路器长延时过流脱扣器脱扣电流整定值的 1.25 倍。

注：本内容参照《施工现场临时用电安全技术规范》（JGJ 46—2005）7.1 节的规定。

5.3.3 电缆线路

1. 安全目标

保证施工现场用电设备能够正常使用，以及保证操作人员的人身安全。

2. 安全保障措施

（1）电缆中必须包含全部工作芯线和用作保护零线或保护线的芯线。需要三相四线制配电的电缆线路必须采用五芯电缆。

五芯电缆必须包含淡蓝、绿/黄二种颜色绝缘芯线。淡蓝色芯线必须用作 N 线；绿/黄双色芯线必须用作 PE 线，严禁混用。

（2）电缆截面的选择应符合以下规定，根据其长期连续负荷允许载流量和允许电压偏移确定。

1）导线中的计算负荷电流不大于其长期连续负荷允许载流量。

2）线路末端电压偏移不大于其额定电压的 5%。

3）三相四线制线路的 N 线和 PE 线截面不小于相线截面的 50%，单相线路的零线截面与相线截面相同。

（3）电缆线路应采用埋地或架空敷设，严禁沿地面明设，并应避免机械损伤和介质腐蚀。埋地电缆路径应设方位标志。

（4）电缆类型应根据敷设方式、环境条件选择。埋地敷设宜选用铠装电缆；当选用无铠装电缆时，应能防水、防腐。架空敷设宜选用无铠装电缆。

（5）电缆直接埋地敷设的深度不应小于 0.7m，并应在电缆紧邻上、下、左、右侧均匀敷设不小于 50mm 厚的细砂，然后覆盖砖或混凝土板等硬质保护层。

（6）埋地电缆在穿越建筑物、构筑物、道路、易受机械损伤、介质腐蚀场所及引出地面从 2.0m 高到地下 0.2m 处，必须加设防护套管，防护套管内径不应小于电缆外径的 1.5 倍。

（7）埋地电缆与其附近外电电缆和管沟的平行间距不得小于 2m，交叉间距不得小于 1m。

（8）埋地电缆的接头应设在地面上的接线盒内，接线盒应能防水、防尘、防机械损伤，并应远离易燃、易爆、易腐蚀场所。

（9）架空电缆应沿电杆、支架或墙壁敷设，并采用绝缘子固定，绑扎线必须采用绝缘线，固定点间距应保证电缆能承受自重所带来的荷载，敷设高度应符合表 5-16 的要求，但沿墙壁敷设时最大弧垂距地不得小于 2.0m。

架空电缆严禁沿脚手架、树木或其他设施敷设。

（10）在建工程内的电缆线路必须采用电缆埋地引入，严禁穿越脚手架引入。电缆垂直敷设应充分利用在建工程的竖井、垂直孔洞等，并宜靠近用电负荷中心，固定点每楼层不得少于一处。电缆水平敷设宜沿墙或门口刚性固定，最大弧垂距地不得小于 2.0m。

装饰装修工程或其他特殊阶段，应补充编制单项施工用电方案。电源线可沿墙角、地面敷设，但应采取防机械损伤和电火措施。

注：本内容参照《施工现场临时用电安全技术规范》（JGJ 46—2005）7.2 节的规定。

5.4 配电设备、线路保护设施安全实施细则

📋 《工程质量安全手册》第 4.5.4 条：

配电设备、线路防护设施设置符合规范要求。

📖**安全实施细则：**

5.4.1 配电设备防护

1. 安全目标

保证配电设备能够正常运行。

2. 安全保障措施

（1）电气设备防护应符合规定。电气设备现场周围不得存放易燃易爆物、污源和腐蚀介质，否则应予清除或做防护处置，其防护等级必须与环境条件相适应。

（2）电气设备设置场所应能避免物体打击和机械损伤，否则应做防护处置。

注：本内容参照《施工现场临时用电安全技术规范》（JGJ 46—2005）4.2节的规定。

5.4.2 线路防护

1. 安全目标

保证配电线路不受到破坏，以确保用电设备正常运行。

2. 安全保障措施

（1）在建工程不得在外电架空线路正下方施工、搭设作业棚、建造生活设施或堆放构件、架具、材料及其他杂物等。

（2）在建工程（含脚手架）的周边与外电架空线路的边线之间的最小安全操作距离应符合表5-8的规定。

在建工程（含脚手架）的周边与架空线路的边线之间的最小安全操作距离　　表5-8

外电线路电压等级(kV)	<1	1~10	35~110	220	330~500
最小安全操作距离(m)	4.0	6.0	8.0	10	15

注：上、下脚手架的斜道不宜设在有外电线路的一侧。

（3）施工现场的机动车道与外电架空线路交叉时，架空线路的最低点与路面的最小垂直距离应符合表5-9的规定。

施工现场的机动车道与架空线路交叉时的最小垂直距离　　表5-9

外电线路电压等级(kV)	<1	1~10	35
最小垂直距离(m)	6.0	7.0	7.0

（4）起重机严禁越过无防护设施的外电架空线路作业。在外电架空线路附近吊装时，起重机的任何部位或被吊物边缘在最大偏斜时与架空线路边线的最小安全距离应符合表5-10的规定。

起重机与架空线路边线的最小安全距离　　表5-10

电压(kV)　安全距离(m)	<1	10	35	110	220	330	500
沿垂直方向	1.5	3.0	4.0	5.0	6.0	7.0	8.5
沿水平方向	1.5	2.0	3.5	4.0	6.0	7.0	8.5

（5）施工现场开挖沟槽边缘与外电埋地电缆沟槽边缘之间的距离不得小于 0.5m。

（6）当达不到表 5-8～表 5-10 中的规定时，必须采取绝缘隔离防护措施，并应悬挂醒目的警告标志。架设防护设施时，必须经有关部门批准，采用线路暂时停电或其他可靠的安全技术措施，并应有电气工程技术人员和专职安全人员监护。防护设施与外电线路之间的安全距离不应小于表 5-11 所列数值。防护设施应坚固、稳定，且对外电线路的隔离防护应达到 IP30 级。

防护设施与外电线路之间的最小安全距离　　　　表 5-11

外电线路电压等级（kV）	≤10	35	110	220	330	500
最小安全操作距离（m）	1.7	2.0	2.5	4.0	5.0	6.0

（7）当上述（6）中规定的防护措施无法实现时，必须与有关部门协商，采取停电、迁移外电线路或改变工程位置等措施，未采取上述措施的严禁施工。

（8）在外电架空线路附近开挖沟槽时，必须会同有关部门采取加固措施，防止外电架空线路电杆倾斜、悬倒。

注：本内容参照《施工现场临时用电安全技术规范》（JGJ 46—2005）4.1 节的规定。

5.5　漏电保护器安全实施细则

📋《工程质量安全手册》第 4.5.5 条：

漏电保护器参数符合规范要求。

📖安全实施细则：

1. 安全目标
保证漏电保护器能够灵敏、可靠，以确保用电设备和人员安全。

2. 安全保障措施
（1）漏电保护器应选择符合规定的合格产品。

（2）开关箱中漏电保护器的额定漏电动作电流不应大于 30mA，额定漏电动作时间不应大于 0.1s。

使用于潮湿或有腐蚀介质场所的漏电保护器应采用防溅型产品，其额定漏电动作电流不应大于 15mA，额定漏电动作时间不应大于 0.1s。

（3）总配电箱中漏电保护器的额定漏电动作电流应大于 30mA，额定漏电动作时间应大于 0.1s，但其额定漏电动作电流与额定漏电动作时间的乘积不应大于 30mA·s。

（4）总配电箱和开关箱中漏电保护器的极数和线数必须与其负荷侧负荷的相数和线数一致。

注：本内容参照《施工现场临时用电安全技术规范》（JGJ 46—2005）第 8.2.9～8.2.12 条的规定。

安全防护安全生产现场控制

6.1　洞口防护安全实施细则

📋《工程质量安全手册》第 4.6.1 条：

洞口防护符合规范要求。

📖安全实施细则：

6.1.1　洞口作业防坠落措施

1. 安全目标

防止发生坠落事故。

2. 安全保障措施

洞口作业时应采取防坠落措施，并应符合下列规定：

（1）当竖向洞口短边边长小于 500mm 时，应采取封堵措施。当垂直洞口短边边长大于或等于 500mm 时，应在临空一侧设置高度不小于 1.2m 的防护栏杆，并应采用密目式安全立网或工具式栏板封闭，设置挡脚板。

（2）当非竖向洞口短边边长为 25～500mm 时，应采用承载力满足使用要求的盖板覆盖，盖板四周搁置应均衡，且应防止盖板移位。

（3）当非竖向洞口短边边长为 500～1500mm 时，应采用盖板覆盖或防护栏杆等措施，并应固定牢固。

（4）当非竖向洞口短边边长大于或等于 1500mm 时，应在洞口作业侧设置高度不小 1.2m 的防护栏杆。洞口应采用安全平网封闭。

注：本内容参照《建筑施工高处作业安全技术规范》（JGJ 80—2016）第 4.2.1 条的规定。

6.1.2　电梯井口防护措施

1. 安全目标

防止发生坠落事故。

2. 安全保障措施

（1）电梯井口应设置防护门，其高度不应小于 1.5m，防护门底端距地面高度不应大于 50mm，并应设置挡脚板。

（2）在电梯施工前，电梯井道内应每隔 2 层且不大于 10m 加设一道安全平网。电梯井内的施工层上部，应设置隔离防护设施。

注：本内容参照《建筑施工高处作业安全技术规范》（JGJ 80—2016）第 4.2.2 和 4.2.3 条的规定。

6.1.3　洞口盖板强度要求

1. 安全目标

防止发生坠落事故。

2. 安全保障措施

洞口盖板应能承受不小于 1kN 的集中荷载和不小于 $2kN/m^2$ 的均布荷载，有特殊要求的盖板应另行设计。

注：本内容参照《建筑施工高处作业安全技术规范》（JGJ 80—2016）第 4.2.4 条的规定。

6.1.4　防护栏杆设置要求

1. 安全目标

防止发生坠落事故。

2. 安全保障措施

（1）墙面等处落地的竖向洞口、窗台高度低于 800mm 的竖向洞口及框架结构在浇筑完混凝土未砌筑墙体时的涮口，应按临边防护要求设置防护栏杆。

注：本内容参照《建筑施工高处作业安全技术规范》（JGJ 80—2016）第 4.2.5 条的规定。

（2）临边作业的防护栏杆应由横杆、立杆及挡脚板组成，防护栏杆应符合下列规定：

1）防护栏杆应为两道横杆，上杆距地面高度应为 1.2m，下杆应在上杆和挡脚板中间设置；

2）当防护栏杆高度大于 1.2m 时，应增设横杆，横杆间距不应大于 600mm；

3）防护栏杆立杆间距不应大于 2m；

4）挡脚板高度不应小于 180mm。

（3）防护栏杆立杆底端应固定牢固，并应符合下列规定：

1）当在土体上固定时，应采用预埋或打入方式固定；

2）当在混凝土楼面、地面、屋面或墙面固定时，应将预埋件与立杆连接牢固；

3）当在砌体上固定时，应预先砌入相应规格含有预埋件的混凝土块，预埋件应与立杆连接牢固。

（4）防护栏杆杆件的规格及连接，应符合下列规定：

1）当采用钢管作为防护栏杆杆件时．横杆及栏杆立杆应采用脚手钢管，并应采用扣件、焊接、定型套管等方式进行连接固定；

2）当采用其他材料作防护栏杆杆件时，应选用与钢管材质强度相当的材料，并应采用螺栓、销轴或焊接等方式进行连接固定。

（5）防护栏杆的立杆和横杆的设置、固定及连接，应确保防护栏杆在上下横杆和立杆任何部位处，均能承受任何方向 1kN 的外力作用。当栏杆所处位置有发生人群拥挤、物件碰撞等可能时，应加大横杆截面或加密立杆间距。

（6）防护栏杆应张挂密目式安全立网或其他材料封闭。

注：本内容参照《建筑施工高处作业安全技术规范》（JGJ 80—2016）第 4.3 节的规定。

6.1.5 防护栏杆设计计算

1. 安全目标

保证搭设的防护栏杆具有一定的强度，起到安全防护的作用。

2. 安全保障措施

（1）防护栏杆荷载设计值的取用应符合有关规定。

（2）防护栏杆上横杆的计算，应采用外力为垂直荷载，集中作用于立杆间距最大处的上横杆的中点处，并应符合下列规定：

1）弯矩标准值应按式（6-1）计算：

$$M_k = \frac{F_{bk}L_0}{4} + \frac{q_k L_0^2}{8} \tag{6-1}$$

式中　M_k——上横杆的最大弯矩标准值（N・mm）；

　　　F_{bk}——上横杆承受的集中荷载标准值（N）；

　　　L_0——上横杆计算长度（mm）；

　　　q_k——上横杆承受的均布荷载标准值（N/mm）。

2）抗弯强度应按式（6-2）、式（6-3）计算：

$$\sigma_1 = \frac{\gamma_0 M}{W_n} \leqslant f_1 \tag{6-2}$$

$$M = \sum \gamma_{Q_i} M_{k_i} \tag{6-3}$$

式中　σ_1——杆件的受弯应力（N/mm^2）；

　　　γ_0——结构重要性系数；

　　　M——上横杆的最大弯矩设计值（N・mm）；

　　　W_n——上横杆的净截面抵抗矩（mm^3）；

　　　f_1——杆件的抗弯强度设计值（N/mm^2）；

　　　M_{k_i}——第 i 个可变荷载标准值计算的上横杆弯矩效应值（N・mm）；

　　　γ_{Q_i}——按基本组合计算弯矩设计值，第 i 个可变荷载分项系数。

3）挠度应按式（6-4）计算：

$$\nu = \frac{F_{bk}l^3}{48EI} + \frac{5q_k l^4}{384EI} \leqslant [\nu] \tag{6-4}$$

式中　ν——受弯构件挠度计算值（mm）；

　　　$[\nu]$——受弯构件挠度容许值（mm）；

E——杆件的弹性模量（N/mm²）；

I——杆件截面惯性矩（mm⁴）。

（3）防护栏杆立杆的计算，应采用外力为水平荷载，作用于杆件顶点，并应符合下列规定：

1）弯矩标准值应按式（6-5）计算：

$$M_{zk} = F_{zk}h + \frac{q_k h^2}{2} \tag{6-5}$$

式中　M_{zk}——立杆承受的最大弯矩标准值（N·mm）

F_{zk}——立杆承受的集中荷载标准值（N）；

h——立杆高度（mm）。

2）抗弯强度应按下列式（6-6）、式（6-7）计算：

$$\sigma_1 = \frac{\lambda_0 M_z}{W_{zn}} \leqslant f_1 \tag{6-6}$$

$$M_z = \sum \gamma_{Q_i} M_{zk_i} \tag{6-7}$$

式中　M_z——立杆承受的最大弯矩设计值，即弯矩基本组合值（N·mm）；

W_{zn}——立杆的净截面抵抗矩（mm³）；

M_{zk_i}——按第 i 个可变荷载标准值计算的立杆弯矩效应值（N·mm）。

3）挠度应按式（6-8）计算：

$$\nu = \frac{F_{zk}h^3}{3EI} + \frac{q_k h^4}{8EI} \leqslant [\nu] \tag{6-8}$$

注：本内容参照《建筑施工高处作业安全技术规范》（JGJ 80—2016）附录 A 的规定。

6.2　临边防护安全实施细则

📋 《工程质量安全手册》第 4.6.2 条：

临边防护符合规范要求。

📖安全实施细则：

6.2.1　建筑结构临边防护

1. 安全目标

防止发生坠落事故。

2. 安全保障措施

（1）坠落高度基准面 2m 及以上进行临边作业时，应在临空一侧设置防护栏杆，并应采用密目式安全立网或工具式栏板封闭。

（2）施工的楼梯口、楼梯平台和梯段边，应安装防护栏杆；外设楼梯口、楼梯平台和梯段边还应采用密目式安全立网封闭。

（3）建筑物外围边沿处，对没有设置外脚手架的工程，应设置防护栏杆；对有外脚手架的工程，应采用密目式安全立网全封闭。密目式安全立网应设置在脚手架外侧立杆上，并应与脚手杆紧密连接。

注：本内容参照《建筑施工高处作业安全技术规范》（JGJ 80—2016）第 4.1.1、4.1.2、4.1.3 条的规定。

6.2.2　升降设备停层平台临边防护

1. 安全目标

防止发生坠落事故。

2. 安全保障措施

（1）施工升降机、龙门架和井架物料提升机等在建筑物间设置的停层平台两侧边，应设置防护栏杆、挡脚板，并应采用密目式安全立网或工具式栏板封闭。

（2）停层平台口应设置高度不低于 1.80m 的楼层防护门，并应设置防外开装置。井架物料提升机通道中间，应分别设置隔离设施。

注：本内容参照《建筑施工高处作业安全技术规范》（JGJ 80—2016）第 4.1.4、4.1.5 条的规定。

6.3　有限空间防护安全实施细则

📋《工程质量安全手册》第 4.6.3 条：

有限空间防护符合规范要求。

📖安全实施细则：

6.3.1　作业安全与卫生

1. 安全目标

确保进入有限空间作业人员的人身安全。

2. 安全保障措施

（1）有限空间的作业场所空气中氧的体积百分比应为 19.5%～23.5%，若空气中氧的体积百分比低于 19.5%、高于 23.5%，应有报警信号。有毒有害物质浓度（强度）应符合规定。

（2）有限空间空气中可燃性气体、蒸气和气溶胶的浓度应低于可燃烧极限或爆炸极限下限（LEL）的 10%。对槽车、油轮船舶的拆修，以及油罐、管道的检修，空气中可燃气体浓度应低于可燃烧极限下限或爆炸极限下限（LEL）的 1%。

（3）当必须进入缺氧的有限空间作业时，凡进行作业时，均应采取机械通风。

注：本内容参照《有限空间作业安全技术规范》（DB 64/802—2012）第 5.1 节的规定。

6.3.2 通风换气

1. 安全目标

确保进入有限空间作业人员的人身安全。

2. 安全保障措施

（1）作业时，操作人员所需的适宜新风量应为 30~50m³/h。进入自然通风换气效果不良的有限空间，应采用机械通风，通风换气次数不能少于 3~5 次/h。通风换气应满足稀释有毒有害物质的需要。

（2）应利用所有人孔、手孔、料孔、风门、烟门进行自然通风，通风后达不到标准时采取机械强制通风。

（3）机械通风可设置岗位局部排风，辅以全面排风。当操作位置不固定时，则可采用移动式局部排风或全面排风。

（4）有限空间的吸风口应设置在下部。当存在与空气密度相同或小于空气密度的污染物时，还应在顶部增设吸风口。

（5）除严重窒息急救等特殊情况，严禁用氧含量高于 23.5% 的空气或纯氧进行通风换气。

（6）经局部排气装置排出的有害物质应通过净化设备处理后，才能排入大气，保证进入大气的有害物质浓度不高于国家排放标准规定的限值。

注：本内容参照《有限空间作业安全技术规范》（DB 64/802—2012）第 5.2 节的规定。

6.3.3 电气设备与照明安全

1. 安全目标

确保进入有限空间作业人员的人身安全。

2. 安全保障措施

（1）存在可燃性气体的作业场所，所有的电气设备设施及照明应符合《爆炸性环境 第 1 部分：设备 通用要求》（GB 3836.1—2010）中的有关规定。实现整体电气防爆和防静电措施。

（2）存在可燃气体的有限空间场所内不得使用明火照明和非防爆设备。

（3）固定照明灯具安装高度距地面不高于 2.4m 时，宜使用安全电压。在潮湿地面等场所使用的移动式照明灯具，其高度距地面不高于 2.4m 时，额定电压不应高于 36V。

（4）锅炉、金属容器、管道、密闭舱室等狭窄的工作场所，手持行灯额定电压不应高于 12V。

（5）手提行灯应有绝缘手柄和金属护罩，灯泡的金属部分不准外露。

（6）行灯使用的降压变压器，应采用隔离变压器。行灯的变压器不准放在锅炉、加热器、水箱等金属容器内和特别潮湿的地方；绝缘电阻应不小于 2MΩ，并定期检测。安全电压应符合下列规定：

1）金属结构构架场所，隧道、人防等地下空间，有导电粉尘、腐蚀介质、蒸汽及高温炎热的场所，安全特低电压系统照明电源电压不应大于 24V。

2）相对湿度长期处于95％以上的潮湿场所，导电良好的地面、狭窄的导电场所，安全特低电压系统照明电源电压不应大于 12V。

（7）手持电动工具应进行定期检查，并有记录，绝缘电阻应符合《手持式电动工具的管理、使用、检查和维修安全技术规程》（GB/T 3787—2017）中的有关规定。

注：本内容参照《有限空间作业安全技术规范》（DB 64/802—2012）第 5.3 节的规定。

6.3.4 机械设备安全

1. 安全目标

确保进入有限空间作业人员的人身安全。

2. 安全保障措施

（1）机械设备的运动、活动部件都应采用封闭式屏蔽，各种传动装置应设置防护装置。

（2）机械设备上的局部照明均应使用安全电压。

（3）机械设备上的金属构件均应有牢固可靠的 PE 线。

（4）设备上附有的梯子、检修平台等应符合要求。

注：本内容参照《有限空间作业安全技术规范》（DB 64/802—2012）第 5.4 节的规定。

6.3.5 区域警戒与消防

1. 安全目标

确保进入有限空间作业人员的人身安全。

2. 安全保障措施

（1）有限空间的坑、井、洼、沟或人孔、通道出入门口应设置防护栏、盖和警告标志，夜间应设警示红灯。

（2）为防止与作业无关人员进入有限空间作业场所，在有限空间外敞面醒目处，设置警戒区、警戒线、警戒标志。未经许可，不得入内。

（3）当作业人员在与输送管道连接的封闭（半封闭）设备（如油罐、反应塔、储罐、锅炉等）内部作业时，应严密关闭阀门，装好盲板，设置"禁止启动"等警告信息。

（4）存在易燃性因素的场所警戒区内应按规定设置灭火器材，并保持有效状态；专职安全员和消防员应在警戒区定时巡回检查、监护，并有检查记录。严禁火种或可燃物落入有限空间。

（5）动力机械设备、工具要放在有限空间的外面，并保持安全的距离以确保气体或烟雾排放时远离潜在的火源。同时应防止设备的废气或碳氢化合物烟雾影响有限空间作业。

（6）焊接与切割作业时，焊接设备、焊机、切割机具、钢瓶、电缆及其他器具的放置，电弧的辐射及飞溅伤害隔离保护应符合规定。

注：本内容参照《有限空间作业安全技术规范》（DB 64/802—2012）第 5.5 节的规定。

6.3.6 应急器材

1. 安全目标

确保进入有限空间作业人员的人身安全。

2. 安全保障措施

1）应急器材应符合国家有关标准要求，应放置在作业现场并便于取用。

2）应急器材应保证应急救援要求。

3）急救药品应完好、有效。

4）应急箱应指定专人管理和操作。

5）应急器材应定期检验检测，确保应急器材完好、有效。

注：本内容参照《有限空间作业安全技术规范》（DB 64/802—2012）第 5.6 节的规定。

6.4 大模板作业防护安全实施细则

📋 《工程质量安全手册》第 4.6.4 条：

> 大模板作业防护符合规范要求。

📖 安全实施细则：

6.4.1 大模板安装

1. 安全目标

确保不发生碰撞事故，避免造成人员伤亡或结构被破坏。

2. 安全保障措施

（1）大模板安装不得扰动工程结构及设施。

（2）大模板吊装应符合下列规定：

1）吊装大模板应设专人指挥，模板起吊应平稳。不得偏斜和大幅度摆动；操作人员应站在安全可靠处。严禁施工人员随同大模板一同起吊；

2）被吊模板上不得有未固定的零散件；

3）当风速达到或超过 15m/s 时，应停止吊装；

4）应确认大模板固定或放置稳固后方可摘钩。

（3）当已浇筑的混凝土强度未达到 1.2N/mm 时。不得进行大模板安装施工；当混凝土结构强度未达到设计要水时，不得拆除大模板；当设计无具体要水时，拆除大模板时不得损坏混凝土表面及棱角。

（4）大模板起吊前应进行试吊，当确认模板起吊平衡、吊环及吊索安全可靠后，方可正式起吊。

（5）大模板应支撑牢固、稳定。支撑点应设在坚固可靠处，不得与作业脚手架拉结。

注：本内容参照《建筑工程大模板技术标准》（JGJ/T 74—2017）第 6.1.1、6.1.4、

6.1.5、6.2.8、6.3.3 条的规定。

6.4.2 大模板拆除

1. 安全目标

确保不发生碰撞事故，避免造成人员伤亡或结构被破坏。

2. 安全保障措施

大模板的拆除应符合下列规定：

（1）大模板的拆除应按先支后拆、后支先拆的顺序；

（2）当拆除对拉螺栓时，应采取措施防止模板倾覆；

（3）严禁操作人员站在模板上口晃动、撬动或锤击模板；

（4）拆除的对抗螺栓、连接件及拆模用工具应妥善保管和放置，不得散放在操作平台上；

（5）起吊大模板前应确认模板和混凝土结构及周边设施之间无任何连接；

（6）移动模板时不得碰撞墙体。

注：本内容参照《建筑工程大模板技术标准》（JGJ/T 74—2017）第 6.5.1 条的规定。

6.4.3 大模板存放

1. 安全目标

确保不发生碰撞事故，避免造成人员伤亡或结构被破坏。

2. 安全保障措施

大模板的存放应符合下列规定：

（1）大模板现场存放区应在起重机的有效工作范围之内，大模板现场存放场地应坚实平整。不得存放在松土、冻土或凹凸不平的场地上。

（2）大模板存放时，有支撑架的大模板应满足自稳定要求；当不能满足要求时，应采取稳定措施。无支撑架的大模板应存放在专用的存放架上。

（3）当大模板在地面存放时，应采取两块大模板板面相对放置的方法。且应在模板中间留置不小于 600mm 的操作间距；当长时间存放时，应将模板连接成整体。

（4）当大模板临时存放在施工楼层上时，应采取防倾覆措施；不得沿外墙周边放置，应垂直于外墙存放。

（5）当大模板采用高架存放时，应对存放架进行专项设计。

注：本内容参照《建筑工程大模板技术标准》（JGJ/T 74—2017）第 6.5.2 条的规定。

6.5 人工挖孔桩作业防护安全实施细则

《工程质量安全手册》第 4.6.5 条：

人工挖孔桩作业防护符合规范要求。

📖**安全实施细则：**

6.5.1 人工挖孔桩混凝土护壁

1. 安全目标

确保孔内作业人员的人身安全。

2. 安全保障措施

人工挖孔桩混凝土护壁的厚度不应小于100mm，混凝土强度等级不应低于桩身混凝土强度等级，并应振捣密实；护壁应配置直径不小于8mm的构造钢筋，竖向筋应上下搭接或拉接。

注：本内容参照《建筑桩基技术规范》（JGJ 94—2008）第6.6.6条的规定。

6.5.2 人工挖孔桩作业安全措施

1. 安全目标

确保孔内作业人员的人身安全。

2. 安全保障措施

（1）人工挖孔桩的孔径（不含护壁）不得小于0.8m，且不宜大于2.5m；孔深不宜大于30m。当桩净距小于2.5m时，应采用间隔开挖。相邻排桩跳挖的最小施工净距不得小于4.5m。

（2）人工挖孔桩施工应采取下列安全措施：

1）孔内必须设置应急软爬梯供人员上下；使用的电葫芦、吊笼等应安全可靠，并配有自动卡紧保险装置，不得使用麻绳和尼龙绳吊挂或脚踏井壁凸缘上下；电葫芦宜用按钮式开关，使用前必须检验其安全起吊能力；

2）每日开工前必须检测井下的有毒、有害气体，并应有相应的安全防范措施；当桩孔开挖深度超过10m时，应有专门向井下送风的设备，风量不宜少于25L/s；

3）孔口四周必须设置护栏，护栏高度宜为0.8m；

4）挖出的土石方应及时运离孔口，不得堆放在孔口周边1m范围内，机动车辆的通行不得对井壁的安全造成影响；

5）施工现场的一切电源、电路的安装和拆除必须遵守现行行业标准《施工现场临时用电安全技术规范》（JGJ 46—2005）的规定。

注：本内容参照《建筑桩基技术规范》（JGJ 94—2008）第6.6.5和6.6.7条的规定。

Chapter ▶▶ 07

幕墙、钢结构和装配式结构
安全生产现场控制

7.1 幕墙安装作业安全实施细则

📋《工程质量安全手册》第 4.7.1 条：

建筑幕墙安装作业符合规范及专项施工方案的要求。

📖安全实施细则：

7.1.1 安全作业基本要求

1. 安全目标

保证幕墙安装人员的人身安全和幕墙部件不发生损坏。

2. 安全保障措施

（1）玻璃幕墙安装施工除应符合建筑施工高处作业、机械使用、施工现场临时使用的有关规定外，还应遵守施工组织设计中确定的各项要求。

施工过程中，每完成一道施工工序后，应及时清理施工现场遗留的杂物。施工过程中，不得在窗台、栏杆上放置施工工具。在脚手架和吊篮上施工时，不得随意抛掷物品。

（2）采用外脚手架施工时，脚手架应经过设计，并应与主体结构可靠连接。采用落地式钢管脚手架时，应采用双排脚手架。

（3）当高层建筑的玻璃幕墙安装与主体结构施工交叉作业时，在主体结构的施工层下方应设置防护设施；在距离地面约 3m 高度处，应设置挑出宽度不小于 6m 的水平防护设施。

（4）现场焊接作业时，应采取可靠的防火措施。

注：本内容参照《玻璃幕墙工程技术规范》（JGJ 102—2003）第 10.7.1、10.7.3、10.7.4、10.7.6 条的规定。

7.1.2 施工机具的使用

1. 安全目标

保证幕墙安装人员的人身安全和幕墙部件不发生损坏。

2. 安全保障措施

（1）安装施工机具在使用前，应进行全面检查、检修；使用中，应定期进行安全检查。手持电动工具应进行绝缘电压试验；手持玻璃吸盘及玻璃吸盘机应进行吸附重量和吸附持续时间试验。开工前，应进行试运转。

（2）采用吊篮施工时，应符合下列要求：

1）施工吊篮应进行设计，使用前应进行严格的安全检查，符合要求方可使用；

2）安装吊篮的场地应平整，并能承受吊篮自重和各种施工荷载的组合设计值；

3）吊篮用配重与吊篮应可靠连接；

4）每次使用前应进行空载运转并检查安全锁是否有效。进行安全锁试验时，吊篮离地面高度不得超过 2.0m，并只能进行单侧试验；

5）施工人员应经过培训，熟练操作施工吊篮；

6）施工吊篮不应作为竖向运输工具，并不得超载；

7）不应在空中进行施工吊篮检修和进出吊篮；

8）施工吊篮上的施工工人必须戴安全帽、配系安全带，安全带必须系在保险绳上并与主体结构有效连接；

9）吊篮上不得放置电焊机，也不得将吊篮和钢丝绳作为焊接地线，收工后，吊篮应降至地面，并切断吊篮电源；

10）收工后，吊篮及吊篮钢丝绳应固定牢靠，并做好电器防雨、防潮和防尘措施。长期停用，应对钢丝绳采取有效的防锈措施。

注：本内容参照《玻璃幕墙工程技术规范》（JGJ 102—2003）第 10.7.2 和 10.7.5 条的规定。

7.2 钢结构、网架和索膜结构安装作业安全实施细则

📋《工程质量安全手册》第 4.7.2 条：

> 钢结构、网架和索膜结构安装作业符合规范及专项施工方案的要求。

📖安全实施细则：

7.2.1 登高作业

1. 安全目标

保证作业人员的人身安全。

2. 安全保障措施

（1）搭设登高脚手架应符合扣件式钢管脚手架和碗扣式钢管脚手架搭设的有关规定；当采用其他登高措施时，应进行结构安全计算。

（2）多层及高层钢结构施工应采用人货两用电梯登高，对电梯尚未到达的楼层应搭设合理的安全登高设施。

（3）钢柱吊装松钩时，施工人员宜通过钢挂梯登高，并应采用防坠器进行人身保护。钢挂梯应预先与钢柱可靠连接，并应随柱起吊。钢柱安装时应将安全爬梯、安全通道或安全绳在地面上铺设，固定在构件上，减少高空作业，减小安全隐患。钢柱吊装采取登高摘

钩的方法时，尽量使用防坠器，对登高作业人员进行保护。安全爬梯的承载必须经过安全计算。

注：本内容参照《钢结构工程施工规范》(GB 50755—2012) 第 16.2 节的规定。

7.2.2 安全通道

1. 安全目标

保证作业人员的人身安全。

2. 安全保障措施

(1) 钢结构安装所需的平面安全通道应分层连续搭设。

(2) 钢结构施工的平面安全通道宽度不宜小于 600mm，且两侧应设置安全护栏或防护钢丝绳。

(3) 在钢梁或钢桁架上行走的作业人员应佩戴双钩安全带。

注：本内容参照《钢结构工程施工规范》(GB 50755—2012) 第 16.3 节的规定。

7.2.3 洞口和临边防护

1. 安全目标

保证作业人员的人身安全。

2. 安全保障措施

(1) 边长或直径为 20～40cm 的洞口应采用刚性盖板固定防护；边长或直径为 40～150cm 的洞口应架设钢管脚手架、满铺脚手板等；边长或直径在 150cm 以上的洞口应张设密目安全网防护并加护栏。

(2) 建筑物楼层钢梁吊装完毕后，应及时分区铺设安全网。

(3) 楼层周边钢梁吊装完成后，应在每层临边设置防护栏，且防护栏高度不应低于 1.2m。

(4) 搭设临边脚手架、操作平台、安全挑网等应可靠固定在结构上。

注：本内容参照《钢结构工程施工规范》(GB 50755—2012) 第 16.4 节的规定。

7.2.4 施工机械和设备

1. 安全目标

保证施工机械和设备能够安全运行。

2. 安全保障措施

(1) 钢结构施工使用的各类施工机械，应符合建筑机械使用安全的有关规定。

(2) 起重吊装机械应安装限位装置，并应定期检查。

(3) 安装和拆除塔式起重机时，应有专项技术方案。

(4) 群塔作业应采取防止起重机相互碰撞措施。

(5) 起重机应有良好的接地装置。

(6) 采用非定型产品的吊装机械时，必须进行设计计算，并应进行安全验算。

注：本内容参照《钢结构工程施工规范》(GB 50755—2012) 第 16.5 节的规定。

7.2.5 吊装区安全

1. 安全目标

保证吊装作业正常进行，保证施工作业人员的人身安全。

2. 安全保障措施

(1) 吊装区域应设置安全警戒线，非作业人员严禁入内。

(2) 吊装物吊离地面 200～300mm 时，应进行全面检查，并应确认无误后再正式起吊。

(3) 当风速达到 10m/s 时，宜停止吊装作业；当风速达到 15m/s 时，不得吊装作业。

(4) 高空作业使用的小型手持工具和小型零部件应采取防止坠落措施。

(5) 施工用电应符合规范和临时用电施组的规定。

(6) 施工现场应有专业人员负责安装、维护和管理用电设备和电线路。

(7) 每天吊至楼层或屋面上的构件未安装完时，应采取牢靠的临时固定措施。

(8) 压型钢板表面有水、冰、霜或雪时，应及时清除，并应采取相应的防滑保护措施。

注：本内容参照《钢结构工程施工规范》(GB 50755—2012) 第 16.6 节的规定。

7.2.6 消防安全措施

1. 安全目标

保证不发生火灾事故。

2. 安全保障措施

(1) 钢结构施工前，应有相应的消防安全管理制度。

(2) 现场施工作业用火应经相关部门批准。

(3) 施工现场应设置安全消防设施及安全疏散设施，并应定期进行防火巡查。

(4) 气体切割和高空焊接作业时，应清除作业区危险易燃物，并应采取防火措施。

(5) 现场油漆涂装和防火涂料施工时，应按产品说明书的要求进行产品存放和防火保护。

注：本内容参照《钢结构工程施工规范》(GB 50755—2012) 第 16.7 节的规定。

7.2.7 防腐蚀工程安全

1. 安全目标

保证不发生火灾事故，以及涂装作业人员的人身安全。

2. 安全保障措施

(1) 涂装作业安全、卫生应符合有关规定。

(2) 涂装作业场所空气中有害物质不得超过最高允许浓度。

(3) 施工现场应远离火源，不得堆放易燃、易爆和有毒物品。

(4) 涂料仓库及施工现场应有消防水源、灭火器和消防器具，并应定期检查。消防道路应畅通。

(5) 密闭空间涂装作业应使用防爆灯具，安装防爆报警装置；作业完成后油漆在空气中的挥发物消散前，严禁电焊修补作业。

（6）施工人员应正确穿戴工作服、口罩、防护镜等劳动保护用品。

（7）所有电气设备应绝缘良好，临时电线应选用胶皮线，工作结束后应切断电源。

（8）工作平台的搭建应符合有关安全规定。高空作业人员应具备高空作业资格。

注：本内容参照《建筑钢结构防腐蚀技术规程》（JGJ/T 251—2011）第6.2节的规定。

7.3 装配式建筑预制混凝土安装作业安全实施细则

📋《工程质量安全手册》第4.7.3条：

装配式建筑预制混凝土构件安装作业符合规范及专项施工方案的要求。

📖安全实施细则：

7.3.1 基本安全要求

1. 安全目标

防止预制构件在安装过程中因不合理受力造成损伤、破坏或高空滑落，以及保证施工作业人员的人身安全。

2. 安全保障措施

（1）装配式结构施工前应制订施工组织设计、施工方案。施工方案的内容应包括构件安装及节点施工方案、构件安装的质量管理及安全措施等。

（2）吊装用吊具应按国家现行有关标准的规定进行设计、验算或试验检验，吊具应根据预制构件形状、尺寸及重量等参数进行配置，吊索水平夹角不宜小于60°，且不应小于45°；对尺寸较大或形状复杂的预制构件，宜采用有分配梁或分配桁架的吊具。为提高效率，可以采用多功能专用吊具，以适应不同类型的构件的构件吊装。

（3）为防止预制构件在安装过程中因不合理受力造成损伤、破坏或高空滑落，装配式结构施工过程中应采取安全措施，并应符合现行行业标准《建筑施工高处作业安全技术规范》（JGJ 80—2016）、《建筑机械使用安全技术规程》（JGJ 33—2012）和《施工现场临时用电安全技术规范》（JGJ 46—2015）等的有关规定。

注：本内容参照《装配式混凝土结构技术规程》（JGJ 1—2014）第12.1.1、12.1.4、12.1.8条的规定。

7.3.2 安装准备

1. 安全目标

防止预制构件在安装过程中因不合理受力造成损伤、破坏或高空滑落，以及保证施工作业人员的人身安全。

2. 安全保障措施

（1）应合理规划构件运输通道和临时堆放场地，并应采取成品堆放保护措施。

（2）安装施工前，应核对已施工完成结构的混凝土强度、外观质量、尺寸偏差，并应核对预制构件的混凝土强度及预制构件和配件的型号、规格、数量等符合设计要求。

（3）安装施工前，应进行测量放线、设置构件安装定位标识。

（4）安装施工前，应复核构件装配位置、节点连接构造及临时支撑方案等。

（5）安装施工前，应检查复核吊装设备及吊具处于安全操作状态。

（6）安装施工前，应核实现场环境、天气、道路状况等满足吊装施工要求。

（7）装配式结构施工前，宜选择有代表性的单元进行预制构件试安装，并应根据试安装结果及时调整完善施工方案和施工工艺。

注：本内容参照《装配式混凝土结构技术规程》（JGJ 1—2014）第 12.2 节的规定。

7.3.3　安装和连接

1．安全目标

防止预制构件在安装过程中因不合理受力造成损伤、破坏或高空滑落，以及保证施工作业人员的人身安全。

2．安全保障措施

（1）预制构件吊装就位后，应及时校准并采取临时固定措施，以保证构件不会倾倒。

（2）采用钢筋套筒灌浆连接、钢筋浆锚搭接连接的预制构件就位前，应检查下列内容：

1）套筒、预留孔的规格、位置、数量和深度；

2）被连接钢筋的规格、数量、位置和长度当套筒、预留孔内有杂物时，应清理干净；当连接钢筋倾斜时，应进行校直。连接钢筋偏离套筒或孔洞中心线不宜超过 5mm。

（3）墙、柱构件的安装应符合下列规定：

1）构件安装前，应清洁结合面；

2）构件底部应设置可调整接缝厚度和底部标高的垫块；

3）钢筋套筒灌浆连接接头、钢筋浆锚搭接连接接头灌浆前，应对接缝周围进行封堵，封堵措施应符合结合面承载力设计要求；

4）多层预制剪力墙底部采用坐浆材料时，其厚度不宜大于 20mm。

（4）钢筋套筒灌浆连接接头、钢筋浆锚搭接连接接头应按检验批划分要求及时灌浆，灌浆作业应符合国家现行有关标准及施工方案的要求，并应符合下列规定：

1）灌浆施工时，环境温度不应低于 5℃；当连接部位养护温度低于 10℃时，应采取加热保温措施；

2）灌浆操作全过程应有专职检验人员负责旁站监督并及时形成施工质量检查记录；

3）应按产品使用说明书的要求计量灌浆料和水的用量，并搅拌均匀；每次拌制的灌浆料拌合物应进行流动度的检测；

4）灌浆作业应采用压浆法从下口灌注，当浆料从上口流出后应及时封堵，必要时可设分仓进行灌浆；

5）灌浆料拌合物应在制备后 30min 内用完。

（5）采用焊接连接时，应采取防止因连续施焊引起的连接部位混凝土开裂的措施。

（6）后浇混凝土的施工应符合下列规定：

1）预制构件结合面疏松部分的混凝土应剔除并清理干净；

2）模板应保证后浇混凝土部分形状、尺寸和位置准确，并应防止漏浆；

3）在浇筑混凝土前应洒水润湿结合面，混凝土应振捣密实；

4）同一配合比的混凝土，每工作班且建筑面积不超过1000m²应制作一组标准养护试件，同一楼层应制作不少于3组标准养护试件。

（7）构件连接部位后浇混凝土及灌浆料的强度达到设计要求后，方可拆除临时固定措施。

（8）受弯叠合构件的装配施工应符合下列规定：

1）应根据设计要求或施工方案设置临时支撑；

2）施工荷载宜均匀布置，并不应超过设计规定；

3）在混凝土浇筑前，应按设计要求检查结合面的粗糙度及预制构件的外露钢筋；

4）叠合构件应在后浇混凝土强度达到设计要求后，方可拆除临时支撑。

（9）安装预制受弯构件时，端部的搁置长度应符合设计要求，端部与支承构件之间应坐浆或设置支承垫块，坐浆或支承垫块厚度不宜大于20mm。

（10）外挂墙板的连接节点及接缝构造应符合设计要求；墙板安装完成后，应及时移除临时支承支座、墙板接缝内的传力垫块。

（11）外墙板接缝防水施工应符合下列规定：

1）防水施工前，应将板缝空腔清理干净；

2）应按设计要求填塞背衬材料；

3）密封材料嵌填应饱满、密实、均匀、顺直、表面平滑其厚度应符合设计要求。

注：本内容参照《装配式混凝土结构技术规程》（JGJ 1—2014）第12.3节的规定。

下 篇

安全管理资料范例

Chapter 08

危险性较大的分部分项工程资料表格范例

8.0.1 《危险性较大的分部分项工程汇总表》填写范例

危险性较大的分部分项工程汇总表		编号	×××
工程名称	××小区×号楼		
施工单位	××建筑工程有限公司	**监理单位**	××建设监理有限公司

危 险 性 较 大 工 程	1. 基坑支护与降水工程 基坑支护工程是指开挖深度超过 5m(含 5m)的基坑(槽)并采用支护结构施工的工程;或基坑虽未超过 5m,但地质条件和周围环境复杂、地下水位在坑底以上等工程。(√)
	2. 土方开挖工程 土方开挖工程是指开挖深度超过 5m(含 5m)的基坑、槽的土方开挖。(√)
	3. 模板工程 各类工具式模板工程,包括滑模、爬模、大模板等;水平混凝土构件模板支撑系统及特殊结构模板工程。(√)
	4. 起重吊装工程 a. 大型构件 b. 大型设备或设施。(a.b.)
	5. 脚手架工程 a. 高度超过 24m 的落地式钢管脚手架 b. 附着式升降脚手架,包括整体提升与分片提升 c. 悬挑式脚手架 d. 门型脚手架 e. 挂脚手架 f. 吊篮脚手架 g. 卸料平台。(a.b.c.e.g.)
	6. 拆除、爆破工程采用人工、机械拆除或爆破拆除的工程。(√)
	7. 其他危险性较大的工程 a. 建筑幕墙的安装施工 b. 预应力结构张拉施工 c. 隧道工程施工 d. 桥梁工程施工(含架桥) e. 特种设备施工 f. 网架和索膜结构施工 g.6m 以上的边坡施工。(a.b.)
	8. 大江、大河的导流、截流施工。(×)
	9. 港口工程、航道工程。(×)
	10. 采用新技术、新工艺、新材料,可能影响建设工程质量安全已经行政许可,尚无技术标准的施工。(√)
应 当 组 织 专 家 组 论 证 工 程	1. 深基坑工程 开挖深度超过 5m(含 5m)或地下室三层以上(含三层),或深度虽未超过 5m(含 5m),但地质条件和周围环境及地下管线极其复杂的工程。(√)专家论证情况。(√)
	2. 地下暗近代工程 地下暗挖工程及遇有溶洞暗河、瓦斯、岩爆、涌泥、断层等地质复杂的隧道工程,专家论证情况。(×)
	3. 高大模板工程 水平混凝土构件模板支撑系统高度超过 8m,或跨度超过 18m,施工总荷载大于 10kN/m²,或集中线荷载大于 1510kN/m 的模板支撑系统。(×)专家论证情况。(×)
	4. 30m 及以上的高空作业的工程。(√)专家论证情况。(√)
	5. 大江、大河中的深水作业的工程。(×)专家论证情况。(×)
	6. 城市房屋拆除爆破和其他土石爆破工程。(×)专家论证情况。(×)

注：本表由施工单位填报，建设单位、监理单位、施工单位各存一份。

要求：按照国务院建设行政主管部分或其他部门规定，必须编制专项施工方案的危险性较大的分部分项工程和其他必须经过专家论证的危险性较大的分部分项工程，项目经理部应在本表中进行记录。

8.0.2 《危险性较大的分部分项工程专家论证表》填写范例

危险性较大的分部分项工程专家论证表					编号	×××
工程名称		××小区×号楼				
总承包单位		××建筑工程有限公司			项目负责人	×××
分包单位		××建筑安装工程公司			项目负责人	×××
危险性较大分项工程名称			×××			
专家一览表						
姓名	性别	年龄	工作单位	职务	职称	专业
×××	男	48	××建筑集团总公司	总工程师	高工	土建
×××	男	51	××建筑集团总公司	高级工程师	高工	土建
×××	男	47	××市政开发集团总公司	总工程师	高工	市政
×××	男	53	××建筑工程有限公司	总工程师	高工	土建
×××	女	48	××市政开发集团总公司	高级工程师	高工	市政
×××	男	45	××城乡建设委员会	高级工程师	高工	土建
×××	女	40	××建筑集团总公司	高级工程师	高工	土建
专家论证意见： 　××小区×号楼工程基坑支护与降水工程施工安全方案,编制合理,技术可行,符合安全要求 　　　　　　　　　　　　　　　　　　　　　　　　　　　　　　　××年×月×日						
专家签名	组长(签字)：××× 专家(签字)：×××　×××　×××　×××　×××　×××　×××					
项目经理部	(章)：××建筑工程有限公司××小区×号楼项目部　　××年×月×日					

注：本表由施工单位填报,建设单位、监理单位、施工单位各存一份。

要求：对应当组织专家组进行论证审查的工程,项目经理部必须组织不少于5人的专家组,对安全专项施工方案
　　进行论证审查。专家组应按照本表的内容提出书面论证审查报告,并作为安全专项施工方案的附件。

基坑工程资料表格范例

9.0.1 《基坑支护工程施工方案报审表》填写范例

基坑支护工程施工方案报审表

工程名称：××小区×号楼工程   编号：×××

致：＿＿＿＿＿＿××监理公司＿＿＿＿＿＿（监理单位）
我方已完成了＿＿＿＿××小区×号楼工程基坑支护工程施工方案＿＿＿＿的编制，并经公司技术负责人批准，请予以审查。 　　附：《××小区×号楼工程基坑支护工程施工方案》   　　　　　　　　　　　　　　　　　　　　　　　承包单位(章)：＿＿＿××建筑工程有限公司＿＿＿ 　　　　　　　　　　　　　　　　　　　　　　　项目负责人：＿＿＿＿＿＿×××＿＿＿＿＿＿ 　　　　　　　　　　　　　　　　　　　　　　　日　　　期：＿＿＿＿××年×月×日＿＿＿＿
专业监理工程师审查意见： 　　该安全施工方案编制合理，技术可行，报审手续齐全。同意按该施工方案组织施工   　　　　　　　　　　　　　　　　　　　　　　　专业监理工程师：＿＿＿＿×××＿＿＿＿ 　　　　　　　　　　　　　　　　　　　　　　　日　　　期：＿＿＿＿××年×月×日＿＿＿＿
总监理工程师审核意见： 　　同意按该安全施工方案组织施工   　　　　　　　　　　　　　　　　　　　　　　　项目监理机构：＿＿＿＿××监理公司＿＿＿＿ 　　　　　　　　　　　　　　　　　　　　　　　总监理工程师：＿＿＿＿×××＿＿＿＿ 　　　　　　　　　　　　　　　　　　　　　　　日　　　期：＿＿＿＿××年×月×日＿＿＿＿

9.0.2 《基坑支护验收表》填写范例

基坑支护验收表			编号	×××
工程名称	××小区×号楼		总包单位	××建筑工程有限公司
基坑支护工程	基坑现场		施工单位	××建筑工程有限公司
序号	检查项目	检查内容		验收结果
1	各类管线保护	基础施工前建设单位必须以书面形式向施工企业提供详细的地上(下)管线及毗邻区域内建(构)筑物资料,施工企业应采取保护措施		各类管线保护措施落实到位
2	基坑支护	开挖深度超过1.5m,应根据土质和深度情况按规定放坡或加可靠支撑,边坡设置应符合要求;基坑深度超过5m或不足5m但情况复杂的,必须编制安全专项施工方案,并组织专家进行论证,经企业技术负责人和总监理工程签字后,方可施工		有专项施工方案并通过专家论证,各项技术措施落实到位
3	临边防护及排水措施	开挖深度超过2m的,必须设立两道防护栏杆,用密目网封闭,夜间应设红色标志灯;雨季施工期间必须有良好的排水措施		临时防护及排水措施符合要求
4	其他	坑边堆物、堆料、停置机具等符合有关规定;马道或爬梯设置应符合要求;应定期对基坑支护变形情况、毗邻建筑物沉降情况等进行监测		符合相关要求
5	其他增加的验收项目			
6	验收结论: 经检查,××小区×号楼工程基坑支护符合安全要求 <div align="right">××年×月×日</div>			
	验收人员: 总包项目技术负责人:××× 分包单位项目负责人:××× 其他验收人员:××× <div align="right">××年×月×日</div>			
	监理单位意见: 验收合格,同意施工 监理工程师(签字):××× <div align="right">××年×月×日</div>			

注:本表由施工单位填报,监理单位、施工单位各存一份。

要求:基坑支护完成后施工单位应组织相关单位按照设计文件、施工组织设计、施工专项方案及相关规范进行验收,验收内容应按本表进行。

9.0.3 《基坑支护沉降观测记录表》填写范例

基坑支护沉降观测记录表						编号		×××
工程名称		××小区×号楼				监测项目		基坑支护
工程地点		××市××路××号××小区				监测仪器及编号		宾得 AP—281，SZ021
监测单位		××建筑工程有限公司						
日期		××年×月×日至××年×月×日					单位:mm	
测点	初测值	上次位移值	本次位移值	累计位移值	测点	初测值	上次位移值	本次位移值	累计位移值
J1	3.257	0	1	1	J1	3.256	1	1	2
J2	3.266	0	2	2	J2	3.264	2	2	4
J3	3.267	1	2	3	J3	3.264	2	2	5
J4	3.284	2	1	3	J4	3.281	1	1	4
J5	3.197	0	2	2	J5	3.195	2	2	4
J6	3.203	0	1	1	J6	3.202	1	1	2
J7	3.287	1	2	3	J7	3.284	2	2	3
J8	3.299	1	1	2	J8	3.297	1	2	3
J9	3.340	0	2	2	J9	3.338	2	2	4
J10(增)	3.356	0	2	2	J10(增)	3.354	2	2	4
J11(增)	3.373	2	2	4	J11(增)	3.369	2	1	3
沉降报警值								
监测单位	××建筑工程有限公司		监测人	×××	项目技术负责人		×××	

监理单位意见：

　　　符合程序要求(√)

　　　不符合程序要求,请重新组织观测(　)

　　　监理工程师(签字):×××

××年×月×日

注：本表由施工单位填报,附监测点布置图,监理单位、施工单位各存一份。

9.0.4 《基坑支护水平位移观测记录表》填写范例

基坑支护水平位移观测记录表						编号		×××	
工程名称		××小区×号楼				监测项目		基坑支护水平位移观测	
工程地点		××市××路××号××小区				监测仪器及编号		宾得 R-422N，QZ007	
监测单位		××建筑工程有限公司							
日期		××年×月×日						单位:mm	
测点	初测值	上次位移值	本次位移值	累计位移值	测点	初测值	上次位移值	本次位移值	累计位移值
S1	1	0	1	1					
S2	2	0	1	1					
S3	1	0	1	1					
S4	2	1	2	3					
S5	2	0	2	2					
S6	2	0	2	2					
S7	3	1	1	2					
S8	3	1	2	3					
S9	4	1	1	2					
S10(增)	4	2	1	3					
S11(增)	4	1	2	3					
沉降报警值									
监测单位	××建筑工程有限公司		监测人	×××	项目技术负责人		×××		
监理单位意见：符合程序要求(√) 不符合程序要求,请重新组织观测( ) 监理工程师(签字):××× ××年×月×日									

注: 本表由施工单位填报, 附监测点布置图, 监理单位、施工单位各存一份。

要求: 总承包单位和专业承包单位应按有关规定对支护结构进行监测, 并按《基坑支护沉降观测记录表》、《基坑支护水平位移观测记录表》的要求进行记录, 监测结果项目监理部对监测的程序进行审核并签署意见。如发现监测数据异常的, 应立即督促项目经理部采取必要的措施。

9.0.5 《人工挖孔桩防护检查表》填写范例

人工挖孔桩防护检查表				编号	×××
工程名称		××小区×号楼			
施工单位		××建筑工程有限公司		项目负责人	×××
分包单位		××基础公司		分包负责人	××
序号	检查项目	检查内容与要求		检查情况	
1	资料	有专项分包单位人工挖孔桩施工资质		有资质	
		有经审批的专项施工组织设计		有专项施工组织设计	
		气体测试记录		有气体测试记录	
		有混凝土护壁强度检测记录		有检测记录	
2	井孔周边防护	第一护壁高出地面 20cm 以上		30cm	
		井孔周边有防护栏并符合要求		有防护栏,符合要求	
		夜间施工有指示灯		有指示灯	
		成孔后有盖孔板		有盖孔板	
3	井内防护	井内有半圆平板(网)防护		有半圆平板(网)防护	
		井内有上下梯		有上下梯	
		上下联络信号明确		有明确联络信号	
4	送风	送风管、设备数量满足并性能完好		符合要求	
		风管材料符合要求且不破损		符合要求	
		孔深超过 5m 施工过程坚持送风		符合要求	
5	护壁拆模	护壁及时		护壁及时	
		护壁拆模应经工程技术人员同意		符合要求	
6	井内作业	井内作业,井上有人监护		有专人监护	
		井内作业人员必须戴安全帽,系安全带或安全绳		符合要求	
		井内抽水,作业人员必须脱离水面		符合要求	
		作业人员连续作业不得超过 2h		符合要求	
7	现场照明	井孔内 36V(含)以下安全电压照明		36V 低压灯	
		井孔内应使用防水电缆和防水灯泡		符合要求	
8	配电箱	配电系统符合规范要求,漏电保护器动作电流不大于 5mA		符合要求	
9	垂直运输	料斗和吊索材质应具有轻、软性能,并应有防坠落装置		符合要求	
		机具符合规范要求		符合规范要求	
		料斗装土、料不得过满		符合要求	
检查(验收)意见:人工挖孔桩防护到位					
验收人签名	总包单位		分包单位		
	×××		×××		
监理单位意见:人工挖孔桩防护到位,符合安全要求,验收合格 监理工程师(签字):×××					
				××年×月×日	

注:本表由施工单位填报,监理单位、施工单位各存一份。

要求:项目经理部应每天对人工挖孔桩作业进行安全检查,项目监理部对检查表及实物进行检查并签署意见。

9.0.6 《特殊部位气体检测记录》填写范例

特殊部位气体检测记录					编号		×××
工程名称		××体育场工程			施工单位		××体育场项目部
检测时间	部位	检测仪器			气体的种类和检测数值	是否超标	检测人
		名称	规格型号	编号			
××年×月×日	污水改线×××	有害气体检测仪	CIMSⅡ	×××	H$_2$S,CO	否	×××

注：本表由施工单位填报，监理单位、施工单位各存一份。

Chapter 10

脚手架工程资料表格范例

10.0.1 《脚手架、卸料平台及支撑体系设计和施工方案报审表》填写范例

脚手架、卸料平台及支撑体系设计和施工方案报审表

工程名称：××小区×号楼工程　　　　　　　　　　　　　　编号：×××

致：_____××监理公司_____ (监理单位)： 　　我方已完成了_____××小区×号楼工程脚手架、卸料平台及支撑体系设计和施工方案_____的编制，并经公司技术负责人批准，请予以审查。 　　附：《××小区×号楼工程脚手架、卸料平台及支撑体系设计和施工方案》   　　　　　　　　　　　　　　　　　　　　承包单位(章)：_____××建筑工程有限公司_____ 　　　　　　　　　　　　　　　　　　　　项目负责人：_____×××_____ 　　　　　　　　　　　　　　　　　　　　日　　　期：_____××年×月×日_____
专业监理工程师审查意见： 　　该脚手架、卸料平台及支撑体系设计和施工方案编制合理，技术可行，报审手续齐全。同意按该方案组织施工   　　　　　　　　　　　　　　　　　　　　专业监理工程师：_____×××_____ 　　　　　　　　　　　　　　　　　　　　日　　　期：_____××年×月×日_____
总监理工程师审核意见： 　　同意按该方案组织施工   　　　　　　　　　　　　　　　　　　　　项目监理机构：_____××监理公司_____ 　　　　　　　　　　　　　　　　　　　　总监理工程师：_____×××_____ 　　　　　　　　　　　　　　　　　　　　日　　　期：_____××年×月×日_____

10.0.2 《钢管扣件式支撑体系验收表》填写范例

钢管扣件式支撑体系验收表		编号	×××
工程名称	××小区×号楼		
施工单位	××建筑工程有限公司	分包单位	××建筑安装公司
支撑体系的类别	模板支撑体系	高度	×m
验收部位	3#楼①~⑧轴顶板梁脚手架	安装日期	××年×月×日

序号	检查项目	检查内容与要求	验收结果
一	安全施工方案	模板支撑体系工程应有专项安全施工技术方案(或设计),审批手续完备、有效	有专项安全施工技术方案,手续完备、有效
		高度超过8m或跨度超过18m,施工总荷载大于10kN/m²,或集中线荷载大于15kN/m的支撑体系,其专项方案应经过专家论证,并根据专家意见进行修改	—
		支撑体系的材质应符合有关要求	符合要求
		施工前应有技术交底,交底应有针对性	有安全技术交底
二	构造要求	立杆基础必须坚实,满足立柱承载力要求。立杆下部必须设置纵横向扫地杆。立杆与结构应有可靠拉接	符合要求
		立杆的构造应符合《建筑施工扣件式钢管脚手架安全技术规范》(JGJ 130—2011)的有关规定	符合规定
		立杆、横杆的间距必须按安全施工技术方案(计算书)要求搭设	符合方案要求
		可调丝杆的伸出长度应符合要求	符合要求
		立杆最上端的自由端长度应符合方案的要求	符合方案的要求
三	剪刀撑	采用满堂红支撑体系时,四边与中间每隔4排支架立杆应设置一道纵向剪刀撑,由底至顶连续设置;高于4m时,其两端与中间每隔4排立杆从顶层开始向下每隔2步设置一道水平剪刀撑	—
		剪刀撑应按规范要求设置	符合规范要求
四	其他要求		

验收结论:经验收,模板支撑系统符合安全要求

××年×月×日

验收人签名	总包单位	分包单位	
	×××	×××	

监理单位意见:经验收合格,准予使用

监理工程师(签字):×××

××年×月×日

注: 本表由施工单位填报,监理单位、施工单位各存一份。

要求: 水平混凝土构件模板或钢结构安装使用的钢管扣件式支撑体系搭设完成后,工程项目部应依据相关规范、施工组织设计、施工方案及相关技术交底文件,由总承包单位项目技术负责人组织相关部门和搭设、使用单位进行验收,填写本表,项目监理部对验收资料实物进行检查并签署意见。

10.0.3 《落地式（或悬挑）脚手架搭设验收表》填写范例

落地式(或悬挑)脚手架搭设验收表		编号	×××

工程名称	××小区×号楼	总包单位	××建筑工程有限公司
作业队伍	××建筑安装公司	负责人	×××
验收部位	落地式脚手架	搭设高度	×m
验收时间	××年×月×日		

序号	检查项目	检查内容	验收结果
1	施工方案	符合《建筑施工扣件式钢管脚手架安全技术规范》(JGJ 130—2011)的要求	符合要求
		悬挑式脚手架和高度20m以上的落地式脚手架搭设前必须编制安全专项施工方案附设计计算书，审批手续齐全。搭设前需有技术交底。特殊脚手架应有专家论证	符合要求
2	立杆基础	脚手架基础必须平整坚实，有排水措施，架体必须支搭在底座(托)或通长脚手板上。纵、横向扫地杆应符合要求	符合要求
3	钢管、扣件要求	钢管、扣件有复试检测报告。应采用外径48～51mm，壁厚3～3.5mm的钢管	符合要求
		钢管无裂纹、弯曲、压扁、锈蚀	
4	架体与建筑结构拉结	脚手架必须按楼层与结构拉结牢固，拉结点垂直、水平距离符合要求，拉结必须使用刚性材料。20m以上的高大脚手架须有卸荷措施	符合要求
5	剪刀撑设置	脚手架必须设置连续剪刀撑，宽度及角度符合要求。搭接方式应符合规范要求	剪刀撑设置符合要求
6	立杆、大横杆、小横杆的设置要求	立杆间距应符合要求；立杆对接必须符合要求	立杆、大横杆、小横杆都符合安全要求
		大横杆宜设置在立杆内侧，其间距及固定方式应符合要求；对接须符合有关规定	
		小横杆的间距、固定方式、搭接方式等应符合要求	
7	脚手板及密目网的设置	操作面脚手板铺设必须符合规范要求。操作面护身栏杆和挡脚板的设置符合要求。操作面下方净空超3m时须设一道水平网。架体须用密目网沿内侧进行封闭，并固定牢固	符合要求

续表

序号	检查项目	检查内容	验收结果
8	悬挑设置情况	悬挑梁设置应符合设计要求;外挑杆件与建筑结构连接牢固;悬挑梁无变形;立杆底部应固定牢固	符合要求
9	其他	卸料平台、泵管、缆风绳等不能固定在脚手架上;脚手架与外电架空线之间的距离应符合规范要求,特殊情况须采取防护措施,马道搭设符合要求,门洞口的搭设符合要求	符合要求
10	其他增加的验收项目		
11	验收结论: 　　经检查、落地式脚手架的搭设符合安全要求		

验收人签名	项目技术负责人	搭设单位负责人	其他验收人员
	×××	×××	×××

监理单位意见:
　　经验收,落地式脚手架的搭设符合安全要求,准予使用

监理工程师(签字):×××

　　　　　　　　　　　　　　　　　　　　　　　　　　　　　　×.×年×月×日

注:本表由施工单位填报,监理单位、施工单位各存一份。

要求:落地式(或悬挑)脚手架应根据实际情况分段、分部位,由于工程项目技术负责人组织相关单位验收。六级以上大风及大雨后、停用超过一个月后均要进行相应的检查验收,检查验收内容应按照本表进行相关单位参加。每次验收项目监理部对验收资料及实物进行检查并签署意见,合格方可使用。

10.0.4 《工具式脚手架安装验收表》填写范例

工具式脚手架安装验收表			编号	×××
工程名称		××小区×号楼	总包单位	××建筑工程有限公司
搭设(安装)单位		××建筑安装公司	负责人	×××
验收部位		××部位工具式脚手架		
序号	检查项目	检查内容		验收结果
1	施工方案	应有安全专项施工方案及设计计算书,审批手续齐全		有计算书,手续齐全
2	外挂脚手架	架体制作与组装应符合设计要求;悬挂点部件材质和制作、埋设应符合设计要求;采用穿墙螺栓的,其材质、强度必须满足要求;悬挂点强度必须满足要求		符合设计要求
3	吊篮脚手架	吊篮组装应符合设计要求;挑梁锚固或配重等抗倾覆装置应符合要求;锚固点建筑物强度必须满足要求;吊篮应设置独立的保险绳及锁绳器,绳径不小于 12.5mm		—
4	附着式升降脚手架	产品须通过省级以上建设行政主管部门组织的鉴定;产品应有详细的安装及使用说明书		符合要求
		须有防附落、防外倾安全装置;穿墙螺栓的强度必须满足要求;悬挂点结构强度必须满足要求;吊具、索具符合要求		符合要求
		安装单位必须具备相应资质,安装应符合"说明书"要求		符合要求
5	卸料平台	卸料平台应有安全专项方案;应有最大载荷标志;其搭设应符合设计要求;卸料平台周边防护应符合要求;锚固点设置符合"一锚一绳"要求		有专项安全方案符合安全要求

序号	检查项目	检查内容	验收结果
6	其他	脚手架外侧应使用密目网封闭;操作层应设防护栏杆及挡脚板;施工负荷符合说明书或设计书的要求;脚手板应符合有关要求	符合相关要求
7	其他增加的验收项目		
8	验收结论: 经检查,工具式脚手架安装符合安全要求,可以使用		

验收人签名	项目技术负责人	安装单位负责人	其他验收人员
	×××	×××	×××

监理单位意见:
　　经验收,××小区×号楼工程××部位搭设的工具式脚手架符合安全要求,准予使用

监理工程师(签字):×××

×× 年 × 月 × 日

注:本表由施工单位填报,监理单位、施工单位各存一份。

要求:外挂脚手架、吊篮脚手架、附着式升降脚手架、卸料平台等搭设完成后,应由工程项目技术负责人组织有关单位按照本表所列内容进行验收,合格后方可使用,验收时可根据进度分段、分部位进行;每次验收时项目监理部对验收资料及实物进行检查并签署意见。

10.0.5 《吊篮脚手架验收表》填写范例

吊篮脚手架验收表

No. ×××

工程名称	××小区×号楼工程		施工单位		××建筑工程有限公司
架体种类	吊篮脚手架	架体高度	×m	验收日期	××年×月×日
架体总长度	×m	架体荷载	×kN/m²	分段验收高度	×层×m
施工负责人		×××	参加验收人员		×××

验收项目	施工方案要求	验收情况
脚手架有关技术资料	施工单位有专业资质;架子工经培训持证上岗;有施工方案,具体和指导性强,有设计计算书,审批手续完备;脚手架进场有验收手续;每次使用前经检查验收合格的资料齐全;有安全操作规程及安全技术交底记录	持证率100%,有施工方案设计计算书,审批手续齐全,脚手架进场有验收记录,施工前检查验收合格手续齐全,资料完备符合安全要求
架体稳定	挑梁锚固或配重等抗倾覆装置有效;吊篮组装符合设计要求;电动(手动)葫芦使用合格产品,保险卡有效,吊钩有保险;吊篮保险绳安全有效	挑梁锚固装置安全有效,组装符合设计要求,电动葫芦有合格证,保险卡安全有效,吊篮保险绳安全有效,符合安全要求
架体防护	脚手板材质符合要求,满铺,不得有探头板;吊篮外侧立网封闭;吊篮平台宽0.8~1m,长度不宜超过6m,吊篮与建筑结构有紧固措施;单片吊篮升降两端有防护;两片吊篮连在一起同时升降有同步装置;多层作业有防护顶板	脚手板材质符合要求,无探头板,吊篮外侧立网封闭严密,吊篮平台宽1m,长度3~5m,吊篮与建筑结构有紧固措施,单片吊篮升降两端有防护,两片吊篮连在一起同时升降有同步装置,多层作业有防护顶板,符合安全要求
其他		

验收意见	搭设负责人	项目负责人	安全技术主管部门
	具备使用功能 ××× ×年×月×日	同意使用 ××× ×年×月×日	同意使用 ××× ×年×月×日

10.0.6 《架子作业人员登记表》填写范例

架子作业人员登记表　　　　　No. ×××

单位名称		××建筑工程有限公司			登记日期		××年×月×日
序	姓名	工种	工龄	等级	发证单位	证件编号	备注
1	×××	架子工	8 年	中	×××	××××	
2	×××	架子工	10 年	中	×××	××××	
3	×××	架子工	6 年	初	×××	××××	
4	×××	架子工	10 年	中	×××	××××	
5	×××	架子工	8 年	中	×××	××××	
6	×××	架子工	12 年	高	×××	××××	

填表人：×××　　　　　　　　　　　　　　　　　日期：××年×月×日

注：作业人员登记表和作业人员操作证复印件，登记时均按本表的模式填写。

10.0.7 《架子作业人员操作证复印件》填写范例

架子作业人员操作证复印件

序号	××	所属单位	××建筑工程有限公司	项目部名称	××项目部	工种	架子工

操作证复印件粘贴处

序号	××	所属单位	××建筑工程有限公司	项目部名称	××项目部	工种	架子工

操作证复印件粘贴处

填表人：×××   日期：××年×月×日

注：作业人员登记表和作业人员操作证复印件，登记时均按本表的模式填写。

10.0.8 《安全网产品登记表》填写范例

安全网产品登记表

No. ×××

生产经销单位	××安全网制造厂		产品类别及型号	安全网
经销负责人	×××			ML1.8×6
四证名称(编号)	×××、×××、×××、合格证号××			

序号	产品进货情况		使用部位	使用情况	负责人签字
	时间	数量			
1	×年×月×日	××	×层～×层	符合标准要求	×××
2	×年×月×日	××	×层～×层	符合标准要求	×××
3	×年×月×日	××	×层～×层	符合标准要求	×××
4	×年×月×日	××	×层～×层	符合标准要求	×××
5	×年×月×日	××	×层～×层	符合标准要求	×××

注：1　施工现场所使用安全防护用具及机械设备均应进行登记。登记的范围按住房和城乡建设部、国家工商行政管理局、国家质量技术监督局建建〔1998〕164号《施工现场安全防护用具及机械设备使用监督管理》规定中的产品。

2　"四证"指：生产厂家生产许可证、合格证、技术监督部门检验报告和营业执照。

10.0.9 《竹脚手架搭设验收表》填写范例

竹脚手架搭设验收表

工程名称		××大学综合楼工程	搭设高度	×m	搭设日期	××年×月×日
序号	验收项目	验收内容			验收结果	
1	施工方案	有专项安全施工组织设计并上级审批,针对性强,能指导施工			有专项施工组织设计,针对性强	
		有专项安全技术交底			有	
		搭架单位及人员具有相应的资质			有	
		搭设高度不得超过 25m			10m	
2	立杆基础	立杆埋深应大于 250mm,杆底应铺设面积大于 150mm×150mm×20mm 的厚板砼石、砖或专用底垫			立杆埋深 500mm,杆底铺 200×200×50mm 的专用底垫	
		土质疏松、挖坑困难时,应在土层上铺置底垫,在地上 100mm 应设置纵、横向扫地杆			设有纵横扫地杆	
		有良好排水措施且无积水			有良好排水措施,无积水	
3	材质	搭架毛竹应为三年生长期,腐烂、虫蛀、通裂、刀伤、霉变的不得使用			符合要求	
		立杆、大横杆、小横杆、剪刀撑小头有效直径应大于 60mm,顶撑小直径应大于 55mm,栏杆小头有效直径大于 45mm,绑扎绳材料应有合格证,不得一扣绑三根			小头有效直径 65mm,顶撑小头直径 65mm;栏杆小头直径 55mm	
4	立杆	立杆中距为 1.2m;步距应大于 1.8m			符合要求	
		外立杆高过檐口;平屋顶应大于 1.2m,坡屋顶应大于 1.5m			符合要求	
		立杆搭接长度应大于 1.8m,且接头要跨过一皮架			符合要求	
		立杆搭接长度;大角、横向应不大于总的 1/250,且不大于 60mm;纵向应不大于 100mm			符合要求	
5	小横杆	小横杆两端伸出立杆应大于 100mm			伸出 150mm	
6	顶撑	顶撑应垂直,大头朝上,与立杆绑扎三道以上			等距离绑扎四道	
7	大横杆	大横杆应设四根,大头与小头置于小横杆处,绑扎三道以上			等距离绑扎四道	

序号	验收项目	验收内容	验收结果
8	剪刀撑	剪刀撑应与外立杆紧靠绑扎	符合要求
		两端和中间每隔 4.8~5m 应自上而下连续设置,并与地面成 45°~60°的角	符合要求
		杆件搭接大头压小头,搭接长度应大于 1.5m,绑扎三道以上	符合要求
		底部应埋地,埋深应大于 250mm;不能埋地的,应用 8# 铁丝与立杆绑扎牢固	符合要求
9	防护栏杆	架体外立杆内侧应用密目式安全网封严	外挂密目安全网
		作业层外侧设置高 1.2m 和 0.6m 的双道防护栏及 18cm 高的挡脚板	防护栏符合要求
		脚手架内侧与建筑物的净空不能大于 200mm;当大于 200mm 时应进行封闭	脚手架同侧与建筑物净空 150mm
10	脚手板	作业层脚手板应铺满、铺稳,有固定措施,不得有探头板	满铺脚手板,牢固,无探头板
		非作业层边,不铺脚手板不能多于三步层	符合要求
11	通道	运料斜道宽应大于 1.5m,坡度 1:6(高:长);人行斜道的宽度应大于 1.0m,坡度为 1:3,每隔 300mm 设一道防滑条	安全通道运料斜道宽 1.6m,坡度 1:6,人行道 1.5m,坡度 1:3
		斜道的立杆、横杆间距、剪刀撑及基础作法等设置应符合规定要求	符合要求
		斜道转角处应设平台;平台及斜道两侧设两道防护栏杆及挡脚板,并挂密目式安全网	斜道转角设有平台,并挂密目安全网
		利用与脚手架相连接的建筑阳台或门口作为通道,应符合安全要求并设置提示标志牌	符合要求

验收意见: 经验收合格,准予使用		项目负责人	×××
		技术负责人	×××
		搭设负责人	×××
		施工员	×××
	××年×月×日	安全员	×××

10.0.10 《木脚手架验收表》填写范例

木脚手架验收表

工程名称		××大学综合楼工程	搭设高度	×m	搭设日期	××年×月×日
序号	验收项目	验 收 内 容			验 收 结 果	
1	施工方案	有专项施工安全组织设计并经上级审批,针对性强,能指导施工			有施工组织设计,且审批手续齐全	
		有专项安全技术交底			有专项安全技术交底	
		搭架单位及人员具有相应的资质			有相应的资质	
2	立杆基础	基础应平整夯实,符合设计要求			符合设计要求	
		立杆底部深埋300~500mm,杆底应铺设砆石或专用底垫			立杆底部深埋300~500mm,杆底铺设砆石	
		土质较松、挖坑困难时,应设置纵、横向扫地杆,设置位置不得高于底座上皮200mm			设置有纵横扫地杆	
		外立杆高过檐口应大于1.2m,坡屋顶应大于1.5m			符合要求	
		有良好排水措施且无积水			有良好排水措施且无积水	
3	材质	立杆有效部分小头直径应大于70mm,大横杆、小横杆有效部分小头直径应大于80mm;绑扎材料为8#镀锌铁丝			符合要求	
		脚手板可采用钢、木、竹材料制作,每块质量应不大于30kg			符合要求	
		木脚手板厚度应大于50mm,宽度应大于200mm,两端用铁丝箍牢,有腐朽的不得使用			符合要求	
		钢脚手板有裂纹、开焊、硬弯不得使用			符合要求	
		竹脚手板应是质地坚实、无腐烂、虫蛀、断裂的毛竹片制作的竹榍,松脆破损散边的竹榍不得使用			符合要求	
4	架体与建筑物拉结	脚手架立杆必须用连墙件与建筑物可靠连接。当架高在7m以下暂不能设置连墙件时,可搭设抛撑,抛撑每6跨设置一道,并与地面成45°~60°的夹角			符合要求	
		脚手架边墙件按二步三跨设置,并与建筑物连接牢固			连接牢固	
5	竹杆间距	立杆横距纵距应符合规定要求			符合规定要求	
		结构脚手架:立杆纵距、纵向水平杆每跨应不大于1.5mm;装修脚手架:立杆纵距、纵向水平杆每跨应不大于1.8mm			符合要求	

续表

序号	验收项目	验收内容	验收结果
6	剪刀撑	脚手架应在外侧两端和中间每隔 6～7 根立杆设置剪刀撑,并由底部至顶部连续设置,并与地面成 45°～60°的夹角	符合要求
		剪刀撑搭接长度应大于 1.5mm,大头压小头,用 8# 铁丝绑扎不少于 3 道	符合要求
7	脚手板与防护栏杆	架体外立杆内侧应用密目式安全网封严	密封严闭
		作业层脚手板应铺满、铺稳,有固定措施,不得有探头板,离开墙面 120～150mm	无探头板
		作业层外侧设置高 1.2m 和 0.6m 的双道防护栏及 18cm 高的挡脚板	符合要求
8	通道	运料斜道宽应大于 1.5m,坡度 1∶6;人行斜道的宽度应大于 1.0m,坡度为 1∶3,每隔 300mm 设一道防滑条	符合要求
		斜道的立杆、横杆间距、剪刀撑及基础作法等设置应符合规定要求	符合规定要求
		"之"字斜道转角处应设平台,平台及斜道两侧设两道防护栏杆及挡脚板,并挂密目式安全网	设有平台挂安全网
		利用与脚手架相连接的建筑阳台或门口作为通道,应符合安全要求并设置提示标志牌	符合安全要求
9	卸料平台	卸料平台必须有专项设计,并附有载荷及稳定性计算	有
		卸料平台外侧设两道防护栏杆及挡脚板,并挂密目式安全网	有
		卸料平台有限定荷载警示牌,严禁超载	有
		卸料平台支撑系统必须单独设置,固定在建筑物上,不得与脚手架连接	符合要求

验收意见:		
	项目负责人	××××
	技术负责人	××××
	搭设负责人	××××
木脚手架验收合格,准予使用	施工员	××××
××年×月×日	安全员	××××

10.0.11 《悬挑式倒料平台验收表》填写范例

悬挑式倒料平台验收表

施工单位：××建筑工程有限公司　　　工程名称：××大学综合楼工程　　　部位：8层阳台

序号	验收项目	具 体 要 求	验 收 情 况
1	方案	方案要根据施工情况由技术部门编制并有审批意见,方案中要有平台长宽尺寸、使用材料规格、钢丝绳直径、卡扣设置、保险装置、荷载计算和安全系数	方案有审批意见,编制合理,计算准确
2	材料	使用的材料应符合方案设计要求和质量等级	符合要求
3	承重与支撑	钢丝绳承重点必须牢固并有防剪措施,卡扣齐全、设置合理,保险绳与承重绳不能在同一吊点,平台支撑点平稳牢固,有足够承载力	承重与支撑符合安全要求
4	防护与标志	平台临边必须设置两道防护栏杆,高度不低于1.5m,立挂密目安全网封严,设18cm高挡脚板,要有限荷载标志,并注明码放材料规格、数量和高度	防护与标志到位,符合要求
验收意见	经检查,悬挑式倒料平台符合《建筑施工安全检查标准》(JGJ 59—2011)及相关规范的规定,验收合格		
验收人员	主管工长	施工班组	安全员		
	×××	×××	×××		

××年×月×日

起重机械资料表格范例

11.1 施工升降机安全管理资料填写范例

11.1.1 《施工升降机拆除施工方案报审表》填写范例

施工升降机拆除施工方案报审表

工程名称：××小区×号楼工程   编号：×××

致：___××监理公司___（监理单位）
我方已完成了___××小区×号楼工程施工升降机拆除施工方案___的编制,并经公司技术负责人批准,请予以审查。 　　附:《××小区×号楼工程施工升降机拆除施工方案》 <div align="right">承包单位(章)：___××建筑工程有限公司___ 项 目 负 责 人：___×××___ 日　　　　期：___××年×月×日___</div>
专业监理工程师审查意见: 　　同意按该施工方案组织施工 <div align="right">专业监理工程师：___×××___ 日　　　　期：___××年×月×日___</div>
总监理工程师审核意见: 　　同意按该施工方案组织施工 <div align="right">项目监理机构：___××监理有限公司___ 总监理工程师：___×××___ 日　　　　期：___××年×月×日___</div>

(编者：施工升降机拆除施工方案范例略)

153

11.1.2 《施工升降机安装/拆卸任务书》填写范例

施工升降机安装/拆卸任务书

档案编号：　　　　　　　　　　　　　　　　　　　　　　　　××年×月×日

安装/拆卸单位	××机械设备安装有限公司		(盖章)
施工地点	××市××路××号××小区	工程名称	××小区×号楼
施工单位	××建筑工程有限公司	统一编号	×××
设备型号	SCD200/200	安装高度	×m
安/拆日期	××年×月×日	任务下达者	×××

安装/拆卸说明、要求：

1. 首先把电梯周边的垃圾杂物等清理干净,保证道路畅通。
2. 电梯安装/拆卸应由经过专门培训的人员进行,施工时严禁垂直交叉作业,杜绝一切违章作业。
3. 在安装电梯附臂时,各施工人员必须系好安全带,并拧紧一切联接螺栓。
4. 电梯安装完毕,必须经有关部门验收合格后方可正式运行

安装负责人(签字)：×××

××年×月×日

要求：　1　施工升降机安装过程中，安装单位或施工单位应根据施工进度分别认真填写本表的有关内容。
　　　　2　本表共七张，适用于施工升降机的安装、接高、附着和拆卸的过程控制记录。
　　　　3　施工升降机拆卸时，填写表"施工升降机安装/拆卸任务书"、"施工升降机安装/拆卸安全技术交底"、"施工升降机安装/拆卸过程记录"。
　　　　4　每次接高时，均应填写"施工升降机接高验收记录"。
　　　　5　除表"施工升降机基础验收表"以外，其他表格均应由拆装单位加盖公章。复印件无效。
　　　　6　以上资料，监理单位、施工单位、租赁单位、拆装单位各留存一份原件。

11.1.3 《施工升降机安装/拆卸安全技术交底》填写范例

施工升降机安装/拆卸安全技术交底

档案编号：　　　　　　　　　　　　　　　　　　　　　　　　　　　××年×月×日

安装/拆卸单位	××机械设备安装有限公司		(盖章)
施工地点	××市××路××号××小区	工程名称	××小区×号楼
施工单位	××建筑工程有限公司	统一编号	×××
设备型号	SCD200/200	安装高度	×m
安/拆日期	××年×月×日	任务下达者	×××

一、安全交底：

（编者：具体内容略）

　　　　　　　　　　　　　　　　安全交底人(签字)：×××

　　　　　　　　　　　　　　　　　　　　　　　　　××年×月×日

二、技术交底

（编者：具体内容略）

　　　　　　　　　　　　　　　　技术交底人(签字)：×××

　　　　　　　　　　　　　　　　　　　　　　　　　××年×月×日

安装负责人(签字)：×××

　　　　　　　　　　　　　　　　　　　　　　　　　××年×月×日

11.1.4 《施工升降机基础验收表》填写范例

施工升降机基础验收表

档案编号：　　　　　　　　　　　　　　　　　　　　　　　　　×× 年 × 月 × 日

施工单位	×× 建筑工程有限公司	施工地点	×× 市 ×× 路 ×× 号 ×× 小区
工程名称	×× 小区 × 号楼	工地负责人	×××

验收项目及标准要求	实测数据	验收结论
地基的承载能力不小于　　　×　　MPa	×MPa	合格
土壤干容重　　　　　×　　g/cm³	×g/cm³	合格
基础混凝土强度(并附试验报告)	C30	合格
基础周围有无排水设施	有排水设施	合格
基础地下有无暗沟、孔洞(附钎探资料)	无暗沟、孔洞	合格
混凝土基础尺寸(预埋件尺寸)和地脚螺栓数量、规格是否符合图样及说明书要求	4200×4500 ×× 个螺栓	符合要求
混凝土基础表面平整情况	平整	符合要求

验收意见：

　　经检查,×× 小区 × 号楼工程施工升降机基础施工符合安全要求,验收合格,可以使用

基础施工负责人(签字)：×××

　　　　　　　　　　　　　　　　　　　　　　　　　　　　×× 年 × 月 × 日

11.1.5 《施工升降机安装/拆卸过程记录》填写范例

施工升降机安装/拆卸过程记录

档案编号：　　　　　　　　　　　　　　　　　　　　　　　　　　　　　×× 年 × 月 × 日

安装/拆卸单位	×× 机械设备安装有限公司		(盖章)
工程名称	×× 小区 × 号楼		
施工地点	×× 小区 × 号楼	安、拆装负责人	×××
设备编号	×××	设备型号	SCD200/200
安/拆时间	×× 年 × 月 × 日	安、拆装高度	×m
姓　名	工　种	工作内容	
×××	机械工	安装	
×××	机械工	安装	
×××	机械工	安装	
×××	信号工	安装	
×××	指挥	指挥	
×××	机械工	安装	
×××	机械工	安装	
×××	机械工	安装	
×××	机械工	安装	
安装/拆卸负责人(签字)：×××			
			×× 年 × 月 × 日

11.1.6 《施工升降机安装完毕验收记录》填写范例

施工升降机安装完毕验收记录
(1)

档案编号：   ××年×月×日

安装单位	××机械设备安装有限公司		(盖章)
施工地点	××市××路××号××小区	工程名称	××小区×号楼
施工单位	××建筑工程有限公司	统一编号	×××
型　号	SCD200/200	安装高度	×m
最大载重量	×t	安装负责人	×××

结构名称	验收内容和标准要求	结　论
金属结构	零部件是否齐全,安装是否符合产品说明书要求	齐全、符合要求
	结构有无变形、开焊、裂纹、破损等问题	无开焊裂纹,变形
	联结螺栓和拧紧力矩是否符合产品说明书要求	符合产品说明书要求
	相邻标准节的立管对接处的错位阶差不大于0.8mm	0.5mm,符合要求
	对重安装是否符合产品说明书要求	符合产品说明书要求
	导轨架对底座水平基准面的垂直度是否符合国家标准	符合国家标准
电器及控制系统	电线、电缆有无破损,供电电压380V±5%	无破损、衡压380V
	接地是否符合技术要求,接地电阻是否不大于4Ω	符合要求,2Ω
	电机及电气元件(电子元器件部分除外)的对地缘电阻应≥0.5MΩ,电气线路的对地缘电阻应≥1MΩ	符合要求
	仪表、照明、电箱是否完好有效	完好有效
	操纵装置动作是否灵敏可靠	灵敏可靠
	是否配备专门的供电电源箱	有专门的供电电源箱
绳轮系统	钢丝绳的规格是否正确,是否达到报废标准	符合要求
	滑轮、滑轮组在运行中有无卡塞,润滑是否良好	无卡塞、润滑良好
	滑轮、滑轮组的防绳脱槽装置是否有效、可靠	有效、可靠
	钢丝绳的固定方式是否符合国家标准	符合国家标准
	卷扬机传动时,应有排绳措施,润滑是否良好(对SS型)	有措施,润滑良好
导轨架附着	附着联结方式及紧固是否符合产品说明书要求	符合产品说明书要求
	最上一道附着以上自由高度是多少(说明要求×m)	×m,符合要求
	附着架的间距是多少(说明书要求×m)	×m,符合要求

要求：施工升降机安装完毕后,应当由施工总承包单位、分包单位、出租单位和安装单位,按照本表的内容共同进行验收,验收合格后方可使用。

施工升降机安装完毕验收记录
(2)

档案编号： ××年×月×日

安全装置	吊笼门的机电、联锁装置是否灵敏、可靠		灵敏、可靠
	吊笼顶部活板门安全开关是否灵敏、可靠		灵敏、可靠
	基础防护围栏门的机、电联锁装置是否灵敏可靠		灵敏可靠
	防坠安全器(即限速器)的上次标定时间(是否符合国家标准)		符合国家标准
	吊笼的安全钩是否可靠(对SC型)		安全可靠
	上、下限位开关是否灵敏、可靠		灵敏、可靠
	上、下极限开关是否灵敏、可靠		灵敏、可靠
	急停开关是否灵敏、可靠		灵敏、可靠
	防松(断)强保护安全装置是否灵敏、可靠		灵敏、可靠
	安全标志(限载标志、危险警示、操作标识、操作规程、是否齐全)		齐全
传动系统检查	各机构传动是否平稳，是否有漏油等异常现象，润滑是否良好		平稳、无异常、润滑良好
	齿轮与齿条的啮合侧隙应为0.2～0.5mm(对SC型)		符合要求
	相邻两齿条的对接处沿齿高方向的附差不大于0.3mm(对SC型)		0.15mm,符合要求
	滚轮与导轨架立管的间隙是否符合产品说明书要求		符合产品说明书要求
	齿轮齿的磨损是否符合产品说明书要求		符合产品说明书要求
	靠背轮与齿条背面的间隙是否符合产品说明书要求		符合产品说明书要求
试运行	空载荷 ××	额定载荷 ××	超载25%动载 ×× → 符合要求
	双笼升降机应该分别进行空载荷和额定载荷试运行,试验应符合起、制动正常,运行平稳,无异常现象		运行平稳、无异常
坠落实验	吊笼制动停止后,结构及联接应无任何损坏及永久变形、制动距离是多少(是否符合国家标准)		符合国家标准

验收结论：经检查,××小区×号楼工程施工升降机安装符合安全要求,验收合格

安装单位(盖章) ××年×月×日

验收责任人签字	安装单位	质量检查员：×××　　　安 全 员：××× 拆装负责人：×××　　　技术负责人：×××
	设备租赁(或产权)单位	单位负责人：×××　　　外梯机长：×××

注：新安装的施工升降机及在用的施工升降机至少每三个月进行一次额定载荷的坠落实验；只有新安装及大修后的施工升降机才做"超载25%动载"试运行。

11.1.7 《施工升降机接高验收记录》填写范例

施工升降机接高验收记录

档案编号：　　　　　　　　　　　　　　　　　　　　　　　　　　　　　　　　　　　　　××年×月×日

安装单位	××机械设备安装有限公司		工程名称		××小区×号楼
设备编号	×××		施工地点		××市××路××号××小区
规格型号	SCD200/200	原高度	×m	接高后高度	×m
项目	检查内容				结果
接高前检查	天轮及对重是否按要求拆下				是
	附着件、标准型号及数量是否正确、齐全				正确、齐全
	附着件、标准节是否有开焊、变形和裂纹等问题				无开焊,变形、裂纹
	吊杆是否灵活可靠、吊具是否齐全				灵活可靠齐全
	吊笼起、制动是否正常无异响				正常、无异响
	安全装置是否灵敏、可靠				灵敏、可靠
	地线是否压接牢固				压接牢固
	在使用控制盒操作时,其他操作装置应均不起作用,但吊笼的安全装置仍应起保护作用				符合要求
接高后检查	标准节联合是否可靠,螺栓是否齐全				可靠、齐全
	标准节联合是否可靠,螺栓是否符合技术要求				可靠、符合技术要求
	导轨架安装垂直误差是否符合技术要求				符合技术要求
	天轮与对重安装是否符合技术要求				符合技术要求
	限位开关\极限开关安装是否符合技术要求、是否灵敏、可靠				灵敏、可靠
	附着件的安装是否符合设计要求				符合设计要求
	附着架的安装间距是多少米(说明书要求×m)				×m,符合要求
验收结论	经检查、××小区×号楼施工升降机安装符合安全要求,验收合格,同意使用 　　　　　　　　　　　　　　　　　　　　　　　　　　　　验收单位(盖章)				
验收责任人签字	安装负责人:××× 外梯机长:×××		安装技术负责人:××× 安装单位安全员:××× 　　　　　　　　　××年×月×日		

11.2 塔式起重机安全管理资料填写范例

11.2.1 《塔式起重机安装、拆卸任务书》填写范例

塔式起重机安装、拆卸任务书

档案编号：　　　　　　　　　　　　　　　　　　　　　　　　　　　××年×月×日

工程名称		××小区×号楼		安、拆装单位		××机械安装有限公司　（盖章）	
施工地点		××市××路××号××小区		工地负责人	×××	电话	×××
资质等级		一级		安全生产 许可证编号		×××—××—×××	
塔式起重机	型号	H3/36B	统一编号	×××	塔高	×(m)	臂长	×(m)
安、拆期限		××年×月×日至××年×月×日		任务下达者		×××	

要求及说明：

　　按照塔式起重机安装工艺和 QTZ400 塔式起重机安装说明书及相关的安全技术交底进行安装施工

现场情况和建筑物平面示意图：

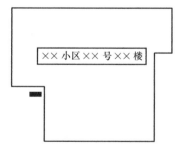

任务接受者：×××

　　　　　　　　　　　　　　　　　　　　　　　　　　　　　　　××年×月×日

要求：塔式起重机安装过程中，安装单位或施工单位应根据施工进度分别认真填写本表的有关内容。

11.2.2 《塔式起重机基础检查记录》填写范例

塔式起重机基础检查记录

档案编号：　　　　　　　　　　　　　　　　　　　　　　　　××年×月×日

工程名称	××小区×号楼	施工单位	××建筑工程有限公司
施工地点	××市××路××号××小区	工地负责人	×××
检验项目		实测数据	结　　论
路基允许承载能力		198kN/m²	合格
土壤干容量		1.56g/cm³	合格
石灰∶土		4∶6	合格
基坑边坡坡度		×°	合格
路基距基坑边距离		×m	合格
暗沟、防空洞坑(有、无)		无	合格
排水沟(有、无)		有水泵排水	合格
高压线(有、无)		有防护架	合格
场地平整情况		良好	合格
混凝土强度		C40达99％	合格
固定支腿安装垂直度、平面度			
固定支腿接地电阻的设置			
其他			
检验意见： 　经检验,基础符合设计要求,同意立塔施工 　　　　　　　　××× 　　　　　　　　××年×月×日			基础施工负责人(签字)：××× ××年×月×日

11.2.3 《塔式起重机轨道验收记录》填写范例

塔式起重机轨道验收记录

档案编号：　　　　　　　　　　　　　　　　　　　　　　　　　××年×月×日

工程名称			××小区×号楼		施工单位	××建筑工程有限公司
施工地点			××市××路××号××小区		工地负责人	×××
塔机型号		H3/36B	钢轨型号	××	轨道长度×(m)	轨距×(m)
检验项目和标准					实测数据	结　论
碎石粒度			20～40mm		18～35mm	合格
路基碎石厚度			大于250mm		270mm	合格
枕木间距			小于或等于600mm		600mm	合格
钢轨接头间隙			不大于4mm		3mm	合格
钢轨接头高度差			小于或等于2mm		1.2mm	合格
两头钢轨接头错开距离			大于1.5mm		2mm	合格
两头拉杆距离			小于或等于6m		6m	合格
轨距误差			小于或等于1‰		0.9‰	合格
钢轨顶面纵、横方向倾斜度 测量点距离不大于10m			小于或等于2.5‰		倾斜度:纵向最大 偏差43mm	合格
接地装置组数(每隔20m设1组)和质量					2组	合格
接地电阻			小于或等于4Ω		2.3Ω	合格
检　查 意　见		符合设计要求,同意立塔			验收签字:××× 轨道铺设负责人:××× 塔吊安装负责人:××× 土建施工安全负责人:××× 　　　　　　　　××年×月×日	

11.2.4 《塔式起重机安装、拆卸安全和技术交底书》填写范例

塔式起重机安装、拆卸安全和技术交底书

档案编号：　　　　　　　　　　　　　　　　　　　　　　　　　　　　　　××年×月×日

工程名称	××小区×号楼			施工地点	××市××路××号××小区		
施工单位	××建筑工程有限公司			安、拆装单位	××机械设备安装有限公司(盖章)		
塔式起重机	型号	H3/36B	统一编号	×××	塔高	×(m)	臂长	×(m)
起重设备配备	90t,50t 汽车吊			运输设备配备			

<table>
<tr><td colspan="8" align="center">交 底 内 容</td></tr>
<tr><td colspan="8">一、安全交底

(编者:具体内容略)

　　　　　　　　　　　　　　　　　　　　交底人(签字)：　×××　
　　　　　　　　　　　　　　　　　　　　　　　　　　××年×月×日</td></tr>
<tr><td colspan="8">二、技术交底

(编者:具体内容略)

　　　　　　　　　　　　　　　　　　　　交底人(签字)：　×××　
　　　　　　　　　　　　　　　　　　　　　　　　　　××年×月×日</td></tr>
<tr><td colspan="8">安装负责人签字:×××　　　　　　　　　　　　　　　　　　××年×月×日</td></tr>
</table>

说明：　1　常规拆装只需写明按说明书或按照拆装工艺。

　　　　2　特殊情况拆装必须进行交底并附拆装方案。

11.2.5 《塔式起重机安装、拆卸过程记录》填写范例

塔式起重机安装、拆卸过程记录

档案编号：　　　　　　　　　　　　　　　　　　　　　　　　　　　××年×月×日

工程名称	××小区×号楼		安、拆装单位	××机械安装有限公司(盖章)		
施工地点	××市××路××号××小区		安、拆负责人	×××		
塔式起重机	型号　II3/36B	统一编号　×××	塔高	×(m)	臂长	×(m)
起重设备配备	90t,50t 汽车吊		司机	×××	×××	
日期/风力	××年×月×日/ 1~2级	××年×月×日/ 2~3级	××年×月×日/ 1~2级	××年×月×日/ 2~3级		

人员工种		工 作 内 容					
姓名	工种						
×××	指挥	指挥	指挥	指挥	指挥		
×××	指挥	指挥	指挥	指挥	指挥		
×××	信号工	信号	信号	信号	信号		
×××	信号工	信号	信号	信号	信号		
×××	安装工	安装	安装	安装	安装		
×××	安装工	安装	安装	安装	安装		
×××	安装工	安装	安装	安装	安装		
×××	安装工	安装	安装	安装	安装		
×××	安装工	安装	安装	安装	安装		
×××	安装工	安装	安装	安装	安装		
×××	安装工	安装	安装	安装	安装		
×××	电工	现场用电	现场用电	现场用电	现场用电		
×××	司机	驾驶汽车吊	驾驶汽车吊	驾驶汽车吊	驾驶汽车吊		
×××	司机	驾驶汽车吊	驾驶汽车吊	驾驶汽车吊	驾驶汽车吊		

11.2.6 《塔式起重机安装完毕验收记录》填写范例

塔式起重机安装完毕验收记录

档案编号： ××年×月×日

工程名称	××小区×号楼	施工地点	××市××路××号××小区
施工单位	××建筑工程有限公司	安、拆装单位	××机械设备安装有限公司(盖章)

塔式起重机	型号	H3/36B	统一编号	×××	起升高度	48m
	幅度	65m	起重力矩	290t·m	最大起重量	12t
	中心压重重量	×t	平衡重重量	×t	臂端起重量(2/4绳)	×/t

项　目	内容和要求	结果
塔吊结构	部件、附件、联结件安装是否齐全,位置是否正确	齐全正确
	螺栓拧紧力矩是否达到技术要求,开口销是否安全撬开	开口销安全撬开
	结构是否有变形、开焊、疲劳裂纹	无开焊裂纹
	压重、配重重量、位置是否达到说明书要求	达到相关要求
绳轮钩系统	钢丝绳在卷筒上面缠绕是否整齐、润滑是否良好	整齐良好
	钢丝绳规格是否正确、断丝和磨损是否达到报废标准	符合要求
	钢丝绳固定是否符合国家标准	符合标准
	各部件滑轮转动是否灵活、可靠,有无卡塞现象	灵活可靠
	吊钩磨损是否达到报废标准,保险装置是否可靠	安全可靠
传动系统	各机构转动是否平稳、有无异常响声	平稳无异响
	各润滑点是否润滑良好、润滑油牌号是否正确	良好正确
	制动器、离合器动作是否灵活可靠	灵活可靠
电气系统	电缆供电系统供电是否充分、正常工作、电压(380±5%)V	380V
	炭刷、接触器、继电器触点是否良好	良好可靠
	仪表、照明、报警系统是否完好、可靠	完好可靠
	控制、操纵装置动作是否灵活、可靠	灵活可靠
	电气各项安全保护装置是否齐全、可靠	齐全可靠
	电气系统对塔吊的绝缘电阻不小于0.5MΩ	0.7MΩ

要求：塔式起重机安装完毕后,应当由施工总承包单位、分包单位、出租单位和安装单位,按照本表的内容共同进行验收。

项　　目	内容和要求						结果
安全限位和保险装置	力矩限制器是否灵活、可靠,其综合误差不大于额定值的8%						灵活可靠,5%
	重量限制器是否灵活、可靠,其误差不大于额定值的8%						灵活可靠,5%
	回转限位器是否灵活、可靠						灵活可靠
	行走限位是否灵活、可靠						灵活可靠
	变幅限位器是否灵活、可靠						灵活可靠
	吊钩保险是否灵活、可靠						灵活可靠
	卷筒保险是否灵活、可靠						灵活可靠
	小车断绳保护器是否灵敏可靠						灵敏可靠
	小车断轴保护器是否灵敏可靠						灵敏可靠
路基复验	复查路基资料是否齐全、准确						齐全、准确
	钢轨顶面纵、横方向上的倾斜度不大于5‰						3‰
	在空载无风状态下塔身对支承面垂直度小于或等于4‰						2‰
	止挡装置距钢轨两端距离　　　　　　大于或等于1m						固定式
	行走限位装置距止挡装置距离　　　　大于或等于1.5m						固定式
试运行	空载荷	额定载荷		超载10%动载		超载25%静载	
		幅度	重量	幅度	重量	幅度	重量
	检查各传动机构工作是否准确、平稳,有无异常声音,液压系统是否渗漏,操作和控制系统是否灵敏可靠,钢结构是否有永久变形和开焊,制动是否可靠。调整安全装置并进行不少于3次的检验						
验收结论	经检查,塔式起重机安装符合安全要求,验收合格 安装单位(盖章)						
验收责任人签字	安装单位	质量检查员:×××　　　　　　安　全　员:××× 拆装负责人:×××　　　　　　技术负责人:×××					
	设备租赁(或产权)单位	单位负责人:×××　　　　　　塔吊机长:×××					
	总承包单位	单位负责人:					
	分包单位	单位负责人:					

说明:"试运行"栏中"超载25%静载"只在新塔和大修后第一次安装时做。

11.2.7 《塔式起重机顶升检验记录》填写范例

塔式起重机顶升检验记录

档案编号：　　　　　　　　　　　　　　　　　　　　　　　　×× 年 × 月 × 日

工程名称	××小区×号楼		施工单位	××建筑工程有限公司 （盖章）	
施工地点	××市××路××号××/小区		顶升负责人	×××	
塔机型号	H3/36B	统一编号	×××	原塔高×m	顶升后高×m
顶升之前检查	标准节数量和型号是否正确			正确	
	标准节套架，平台等是否开焊、变形和裂纹			无开焊裂纹	
	套架滚轮转动是否灵活，与塔身的间隙是否合适			灵活合适	
	液压系统压力是否达到要求，油路是否畅通，无泄漏			达到要求无泄漏	
	钢轨顶纵横方向倾斜度是否超过 5‰			固定式	
	电缆线是否放松到足够高度			是	
	顶升套架和回转支承是否可靠连接			可靠连接	
顶升之后检查	塔身连接是否可靠，螺栓和销子是否齐全			可靠齐全	
	塔身与回转平台连接是否可靠，螺栓拧紧力矩是否达标			可靠达标	
	套架是否降低到规定位置，电源是否接好			符合要求	
	塔身对支承面垂直度是否小于 4‰			偏差 3.5cm 为 1‰～3‰	
	顶升油缸是否放置在规定位置			符合要求	
检查验收结论	××小区×号楼工程塔式起重机顶升验收合格				
验收签字	安装单位技术负责人：××× 安装单位安全员：××× 顶升作业负责人：××× ×× 年 × 月 × 日				

11.2.8 《塔式起重机附着锚固检验记录》填写范例

塔式起重机附着锚固检验记录

档案编号： ××年×月×日

工程名称	××小区×号楼				安装单位	××机械设备安装有限公司 (盖章)		
施工地点	××市××路×××号××小区				锚固负责人	×××		
塔式起重机	型号	H3/36B	统一编号	×××	塔高	×m	锚固后高	×m
	附着道数	×	与下面一道附着间距	×m	与建筑物水平附着距离	×m		
附着锚固之前检查项目	框架、锚杆、墙板等是否开焊、变形和裂纹				无开焊、无裂纹			
	锚杆长度和结构形式是符合附着要求				符合要求			
	建筑物上附着点布置和强度是否符合要求				符合要求			
	基础经过加固后强度是否满足承压要求				满足承压要求			
	第一道锚固以下高度不得大于说明书中规定				符合要求			
	锚固之间距离符合要求				符合要求			
附着锚固之后检验项目	锚固框架安装位置是否符合规定要求				符合规定要求			
	塔身与锚固框架是否固定牢靠				固定牢靠			
	框架、锚杆、墙板等各处螺栓、销轴是否齐全、正确、可靠				齐全、正确、可靠			
	垫铁、楔块等零、部件齐全可靠				齐全可靠			
	最高附着点以下塔身轴线对支承面垂直度不得大小于相应高度的2‰				1‰			
	最高附着点以上塔身轴线对支承垂直度不得大小于4‰				2‰			
	锚固点以上塔机自由高度不得大于说明书要求				符合要求			
检查验收结论	经检查,符合安全要求,验收合格,同意使用							
验收负责人签字	安装技术负责人：××× 安装员：××× 土建安全负责人：×××						××年×月×日	

11.2.9 《塔式起重机安装施工安全方案报审表》填写范例

塔式起重机安装施工安全方案报审表

工程名称：××小区×号楼工程　　　　　　　　　　　　　　　　编号：×××

致：_____××监理公司_____（监理单位） 　　我方已完成了_____××小区×号楼工程塔式起重机安装施工安全方案_____的编制，并经公司技术负责人批准，请予以审查。 　　附：《××小区×号楼工程塔式起重机安装施工安全方案》   　　　　　　　　　　　　　　　　　　　　　　　承包单位(章)：_____××建筑工程有限公司_____ 　　　　　　　　　　　　　　　　　　　　　　　项目负责人：_____×××_____ 　　　　　　　　　　　　　　　　　　　　　　　日　　　期：_____××年×月×日_____
专业监理工程师审查意见： 　　同意按该施工组织设计施工   　　　　　　　　　　　　　　　　　　　　　　　专业监理工程师：_____×××_____ 　　　　　　　　　　　　　　　　　　　　　　　日　　　期：_____××年×月×日_____
总监理工程师审核意见： 　　同意按该施工组织设计组织施工   　　　　　　　　　　　　　　　　　　　　　　　项目监理机构：_____××监理有限公司_____ 　　　　　　　　　　　　　　　　　　　　　　　总监理工程师：_____×××_____ 　　　　　　　　　　　　　　　　　　　　　　　日　　　期：_____××年×月×日_____

（编者：塔式起重机安装施工安全方案范例略）

11.2.10 《塔式起重机拆卸施工安全方案报审表》填写范例

塔式起重机拆卸施工安全方案报审表

工程名称：××小区×号楼工程 　　　　　　　　　　　　　编号：×××

致：　　　×× 监理公司　　　（监理单位）
我方已完成了　　××小区×号楼工程塔式起重机拆卸施工安全方案　　的编制，并经公司技术负责人批准，请予以审查。 　　附：《××小区×号楼工程塔式起重机拆卸施工安全方案》   　　　　　　　　　　　　　　　　承包单位(章)：　××建筑工程有限公司 　　　　　　　　　　　　　　　　项目负责人：　　××× 　　　　　　　　　　　　　　　　日　　　　期：　　××年×月×日
专业监理工程师审查意见： 　　同意按该方案组织施工   　　　　　　　　　　　　　　　　专业监理工程师：　　　××× 　　　　　　　　　　　　　　　　日　　　　期：　　××年×月×日
总监理工程师审核意见： 　　同意按该方案组织施工   　　　　　　　　　　　　　　　　项目监理机构：　　×× 监理有限公司 　　　　　　　　　　　　　　　　总监理工程师：　　　××× 　　　　　　　　　　　　　　　　日　　　　期：　　××年×月×日

（编者：塔式起重机拆卸施工安全方案范例略）

11.3　其他安全管理资料填写范例

11.3.1　《施工机械检查验收表（龙门吊）》填写范例

施工机械检查验收表（龙门吊）		编号	×××
工程名称	××小区×号楼	设备名称及型号	PA1000A
总包单位	××建筑工程有限公司	分包单位	××建筑安装公司
租赁单位	××机械设备租赁有限公司	安装单位	××机械设备安装有限公司
验收日期	××年×月×日		

验收项目	检查内容	验收结果
安全管理	施工方案	有方案,审批手续齐全
	安全使用技术交底	有安全技术交底
	操作人员持证上岗	持证率100%
	设备产品生产合格证	有效品合格证
轨道铺设	路基、固定基础承载能力符合要求,有排水、防雨设施,没有积水;道碴层厚度大于250mm;枕木间距小于600mm,道钉数量不得少于50%	符合要求。道碴300mm,道钉一个不少
	钢轨接头间隙不大于2～4mm,两轨顶高度差不大于2mm。鱼尾板安装符合要求	间隙4mm,高度差1mm,鱼尾板安装符合要求
	纵横方向上钢轨顶面倾斜度不得大于1‰	倾斜度0.8‰
安全装置	起升超高限位器	距深1.5m,灵敏
	小车行走限位器	灵敏有效
	大车行走限位器	灵敏可靠
	操作室门连锁安全限位器	灵敏有效
	维修平台门连锁安全限位器	灵敏有效
	警示电铃完好有效	灵敏有效
	多机在同一轨道作业防碰撞限位器	已安装
	吊钩保险装置齐全	齐全
	大车夹轨器,轨道终端1m处必须设置缓冲止挡器	有夹轨器,止挡终端
钢丝绳	起重钢丝绳无断丝、断股,润滑良好,符合安全使用要求	符合安全使用要求
吊钩滑轮	吊钩、卷筒、滑轮无裂纹,符合安全使用要求	符合安全使用要求
架体	架体稳固、焊缝无开裂、符合安装技术要求	符合安装技术要求
用电管理	设置专用配电箱,符合临电规范要求	配专用电箱符合规范
	卷线器、滑线器运转正常电源线无破损,压接、固定牢固	运转正常电源线符合要求
	地线设置符合规范要求,地线接地电阻≤4Ω	符合要求1Ω
机械机构	各传动部分运转正常无异响	符合要求
验收结论	经检查,××小区×号楼工程所使用的龙门吊符合安全要求,同意使用	

验收人签字	总包单位	分包单位	出租单位	安装单位
	×××	×××	×××	×××

监理单位意见:
　　符合验收程序,同意使用(√)
　　不符合验收程序,重新组织验收(　)

监理工程师(签字):×××　　　　　　　　　　　　　　　　　　　　××年×月×日

注:本表由施工单位填写,监理单位、施工单位、租赁单位各存一份。

11.3.2 《施工机械检查验收表（汽车吊）》填写范例

施工机械检查验收表(汽车吊)			编号	×××
工程名称	××小区×号楼		设备型号	KATO—40/50
总包单位	××建筑工程有限公司		分包单位	××建筑安装公司
租赁单位	××机械设备租赁有限公司		验收日期	××年×月×日
序号	验收项目	检查内容		验收结果
一	外观验收	灯光正常		灯光正常
		仪表正常,齐全有效		仪表正常,齐全有效
		轮胎螺丝紧固无缺少		螺丝紧固
		传动轴螺丝紧固无缺少		螺丝紧固无缺少
		方向机横竖拉杆无松动		拉杆无松动
		无任何部位的漏油、漏气、漏水		无漏水、漏气、漏油
		全车各部位无变形		无变形
二	检查各油位水位	水箱水位正常		水箱水位正常
		机油油位正常		机油油位正常
		方向机油油位正常		方向机油油位正常
		刹车制动油正常		刹车制动油正常
		变速箱油位正常		变速箱油位正常
		液压油位正常		液压油位正常
		各齿轮油位正常		各齿轮油位正常
		电瓶水位正常		电瓶水位正常
三	发动机部分	机油压力急速时不少于 $1.5 kg/cm^2$		不少于 $1.5 kg/cm^2$
		水温正常		水温正常
		发动机运转正常无异响		符合要求
		各附属机构齐全正常		齐全正常

续表

序号	验收项目	检查内容	验收结果
四	液压传动部分	液压泵压力正常	压力正常
		支腿正常伸缩,无下滑拖滞现象	正常
		变幅油缸无下滑现象	无下滑现象
		主臂伸缩油缸正常,无下滑	正常,无下滑
		回转正常	回转正常
		液压油温无异常	无异常
五	底盘部分	离合器正常无打滑	正常无打滑
		变速箱正常	变速箱正常
		刹车系统正常	刹车系统正常
		各操控机构正常	正常
		行走系统正常	行走系统正常
六	安全防护部分	有产品合格证	有合格证
		起重钢丝绳无断丝、断股,润滑良好,直径缩径不大于10%	3%
		吊钩及滑轮无裂纹,危险断面磨损不大于原尺寸的10%	符合要求
		起重量—幅度指示器正常	指示器正常
		力矩限制器(安全载荷限制器)装置灵敏可靠	灵敏可靠
		起升高度限位器的报警切断动力功能正常	正常
		水平仪的指示正常	正常
		防过放绳装置的功能正常	功能正常
		卷筒无裂纹无乱绳现象	无裂纹无乱绳现象
		吊钩防脱装置工作可靠	防脱装置工作可靠
		操作人员持证上岗	持证率100%
		驾驶室内挂设安全技术操作规程	有挂设

验收结论	经检查,××小区×号楼工程所用汽车吊符合安全要求,同意使用

验收人签字	总包单位	分包单位	租赁单位	
	×××	×××	×××	

监理单位意见:
　　符合验收程序,同意使用(✓)
　　不符合验收程序,重新组织验收(　)
监理工程师(签字):×××　　　　　　　　　　　　　　　　　××年×月×日

注：本表由施工单位填写,监理单位、施工单位、租赁单位各存一份。

11.3.3 《机械设备检查维修保养记录表》填写范例

<table>
<tr><td colspan="4" style="text-align:center">机械设备检查维修保养记录表</td><td>编号</td><td>×××</td></tr>
<tr><td>工程名称</td><td colspan="2">××小区×号楼</td><td>使用单位</td><td colspan="2">××建筑工程有限公司</td></tr>
<tr><td>租赁单位</td><td colspan="2">××机械设备租赁有限公司</td><td>备案号</td><td colspan="2">×××</td></tr>
<tr><td>设备名称</td><td>规格型号</td><td>自编号码</td><td>出厂日期</td><td>使用年限</td><td>上次维修
保养时间</td></tr>
<tr><td>施工电梯</td><td>SCD200/200</td><td>×××</td><td>××年×月×日</td><td>×年</td><td>××年×月×日</td></tr>
<tr><td>检查维修保养记录</td><td colspan="5" style="text-align:center">电源线老化,电源控制开关不灵敏</td></tr>
<tr><td>更换主要配件记录</td><td colspan="5" style="text-align:center">更换电源线,更换电源控制开关</td></tr>
<tr><td colspan="3">记录人:×××</td><td colspan="3" style="text-align:right">××年×月×日</td></tr>
</table>

注：本表由施工单位填写,本表适用各类型的井字架（龙门架）、外用电梯、起重机等机械设备检查维修记录。

11.3.4 《危险作业的监控记录表》填写范例

危险作业的监控记录表

单位名称	××建筑工程有限公司	工地名称	××小区×号楼工程
监控项目	大型机械安装	监控地点	××路××号
监控责任人	×××	监控人员	×××

监控交底内容:
1. 加强对大型机械安装(拆卸)全过程的监控;
2. 认真执行施工方案中各项安全技术措施,并做好记录;
3. 检验装拆人员持有效证件上岗情况,对无证人员拒绝其施工作业;
4. 在监控过程中掌握安全动态,对存在的安全隐患向现场负责人指出并要求立即整改;
5. 发现违章违规操作行为,立即纠正

交底人:×××
××年×月×日

监控过程记录:
1. 所有装拆人员全部持有效证件上岗;
2. 操作人员能严格执行安全生产六大纪律;
3. 现场有统一指挥人员,一切按施工方案要求进行操作

监控人:×××
××年×月×日

监控信息反馈内容:
安装人员严格执行安全技术交底要求,认真、负责地实施安装工作

监控人:×××
××年×月×日

处理结果:
希望继续做到遵章守纪,按时、安全地完成任务

处理负责人:×××
××年×月×日

11.3.5 《起重、指挥作业人员登记表》填写范例

起重、指挥作业人员登记表　　　　　No. ×××

单位名称		××建筑工程有限公司			登记日期		××年×月×日
序号	姓名	工种	工龄	等级	发证单位	证件编号	备注
1	×××	起重工	5 年	特	×××	××××	
2	×××	起重工	7 年	特	×××	××××	
3	×××	起重工	4 年	特	×××	××××	

填表人：×××　　　　　　　　　　　　　　　　　日期：××年×月×日

11.3.6 《起重、指挥作业人员操作证复印件》填写范例

起重、指挥作业人员操作证复印件

No.×××

序号	××	所属单位	××建筑工程有限公司	项目部名称	××项目部	工种	起重工

操作证复印件粘贴处

序号	××	所属单位	××建筑工程有限公司	项目部名称	××项目部	工种	起重工

操作证复印件粘贴处

填表人：×××   日期：××年×月×日

11.3.7 《司机、司索等作业人员登记表》填写范例

司机、司索等作业人员登记表　　　　No. ×××

单位名称		××建筑工程有限公司			登记日期	××年×月×日	
序号	姓名	工种	工龄	等级	发证单位	证件编号	备注
1	×××	司机	9 年	特	×××	×××××	
2	×××	司机	5 年	特	×××	×××××	
3	×××	司机	8 年	特	×××	×××××	

填表人：×××　　　　　　　　　　　　　　　　日期：××年×月×日

11.3.8 《司机、司索等作业人员操作证复印件》填写范例

司机、司索等作业人员操作证复印件

No. ×××

序号	××	所属单位	××建筑工程有限公司	项目部名称	××项目部	工种	司机

操作证复印件粘贴处

序号	××	所属单位	××建筑工程有限公司	项目部名称	××项目部	工种	司机

操作证复印件粘贴处

填表人：×××   日期：××年×月×日

模板支撑体系资料表格范例

12.0.1 《模板工程施工安全方案报审表》填写范例

模板工程施工安全方案报审表

工程名称：××小区×号楼工程　　　　　　　　　　　　　　　　**编号：**×××

致：＿＿＿××监理公司＿＿＿（监理单位） 　　我方已完成了＿＿＿××小区×号楼模板工程施工安全方案＿＿＿的编制，并经公司技术负责人批准,请予以审查。 　　附:《××小区×号楼模板工程施工安全方案》 　　　　　　　　　　　　　　　　承包单位(章)：＿＿××建筑工程有限公司＿＿ 　　　　　　　　　　　　　　　　项目负责人：＿＿×××＿＿ 　　　　　　　　　　　　　　　　日　　　　期：＿＿××年×月×日＿＿
专业监理工程师审查意见： 　　该安全施工方案编制合理,技术可行,报审手续齐全。同意按该施工方案组织施工   　　　　　　　　　　　　　　　　专业监理工程师：＿＿×××＿＿ 　　　　　　　　　　　　　　　　日　　　　期：＿＿××年×月×日＿＿
总监理工程师审核意见： 　　同意按该安全施工方案组织施工   　　　　　　　　　　　　　　　　项目监理机构：＿＿××监理公司＿＿ 　　　　　　　　　　　　　　　　总监理工程师：＿＿×××＿＿ 　　　　　　　　　　　　　　　　日　　　　期：＿＿××年×月×日＿＿

12.0.2 《施工现场模板工程验收表》填写范例

施工现场模板工程验收表

工程名称		××大学综合楼工程	支模部位	3层现浇顶板
支模日期		××年×月×日	验收日期	××年×月×日

序号	验收内容		验收要求	验收结果
1	施工方案	专项施工方案 混凝土输送安全措施	符合规定,计算准确,手续完备 有具体的混凝土输送安全措施	有专项施工方案,有混凝土输送安全措施
2	支撑系统	支撑设计计算书 支撑安装	计算准确,符合规定,绘制图样 按图样进行安装	有支撑设计计算书,支撑安装符合设计要求
3	立柱稳定	立柱材料 立柱垫板 纵、横向水平支撑 立柱间距	符合设计 符合设计 4m高上、下各一通 按设计要求	立柱稳定,符合设计要求
4	施工荷载	施工荷载 材料堆放	$100kN/m^2$ 不集中堆放,不超载	施工荷载符合设计要求,不集中堆放,不超载
5	模板存放	大模板存放 模板堆放	有可靠的安全措施,70°角斜放 不超高堆放,摆放整齐	大模板存放区有可靠的安全措施,不超高堆放
6	支拆模板	警戒措施 拆模申请 混凝土强度报告	专业监护 执行申请审批手续 有混凝土强度报告,执行审批手续	支拆模板有警戒措施,有拆模申请手续,混凝土强度报告
7	运输道路	运送道路	满足宽度、使用荷载要求,铺设牢固	满足宽度,使用荷载要求,铺设牢固
8	作业环境	孔洞及临边防护 垂直作业防护	按方案和规定进行防护 有可靠的隔离措施5cm厚板	按方案等进行防护,符合安全要求
验收签字	搭设负责人:×××　　　　　　使用负责人:××× 安全负责人:×××　　　　　　项目负责人:×××			
验收结论	模板工程验收合格 技术负责人:××× 　　　　　　　　　　　　　　　　　　　　　　　××年×月×日			

临时用电资料表格范例

13.0.1 《施工现场临时用电施工组织设计报审表》填写范例

施工现场临时用电施工组织设计报审表

工程名称：××小区×号楼工程 　　　　　　　　　　**编号**：×××

致：　　<u>　　××监理公司　　</u>（监理单位）
我方已完成了<u>　　　××小区×号楼工程施工现场临时用电施工组织设计　　　</u>的编制，并经公司技术负责人批准，请予以审查。 　　附:《××小区×号楼工程施工现场临时用电施工组织设计》   承包单位(章)：<u>　　××建筑工程有限公司　　</u> 项目负责人：<u>　　×××　　　　　　</u> 日　　　　期：<u>　　××年×月×日　　</u>
专业监理工程师审查意见： 　　该安全施工组织设计编制合理，技术可行，报审手续齐全。同意按该施工组织设计施工   专业监理工程师：<u>　　×××　　　　　</u> 日　　　　期：<u>　　××年×月×日　　</u>
总监理工程师审核意见： 　　同意按该安全施工组织设计组织施工   项目监理机构：<u>　　××监理公司　　</u> 总监理工程师：<u>　　×××　　　　</u> 日　　　　期：<u>　　××年×月×日　　</u>

（编者:施工现场临时用电施工组织设计范例略）

13.0.2 《施工现场临时用电验收表》填写范例

施工现场临时用电验收表			编号	×××
工程名称	××小区×号楼	总包单位	××建筑工程有限公司	
临时用电工程	××建筑工程有限公司	作业电工	×××	
序号	检查项目	检查内容	检查结论	
1	施工组织方案	用电设备 5 台以上或设备总容量在 50kW 以上者,应编制临时用电施工组织设计	有临时用电施工组织设计,审批手续齐全	
2	外电防护	小于安全距离时应有安全防护措施;防护措施应符合要求	外电防护符合安全要求	
3	接地与接零保护系统	应采用 TN-S 系统供电;重复接地符合要求,其电阻值应不大于 10Ω;各种电气设备和施工机械的金属外壳、金属支架和底座必须按规定采取可靠的接零或接地保护	接地与接零保护系统符合安全要求	
4	三级配电	配电室的设置应符合要求;现场实行三级本电,总配电箱应装设电压表、总电流表、总电度表及其他仪表;总配电箱应装设总开关和分路开关,开关均采用自动空气开关。分配电箱应设总开关和分开关,总开关应采用自动空气开关,分开关可采用漏电开关或刀闸开关并配备熔断器。开关箱内安装漏电开关、熔断器及插座	符合要求	
5	漏电保护器	须实行两级漏电保护;严格实行"一机、一闸、一漏、一箱";漏电保护装置应灵敏、有效,参数应匹配;在总、分配电箱上安装的漏电保护开关的漏电动作电流应为 50～100mA,开关箱必须装漏电保护器,其额定漏电动作电流不大于 30mA,额定漏电动作时间 0.1s	符合要求	

续表

序号	检查项目	检查内容	检查结论
6	配电箱设置	配电箱安装位置应符合要求,箱体应采用铁板或优质绝缘材料制作,不得使用木质材料制作,箱体应牢固、防雨;箱内电器安装板应为绝缘材料;金属箱体等不带电的金属体必须作保护接零;进线口及出线口应设在箱体的下面,并加护套保护;工作零线、保护零线应分设接线端子板,并通过端子板接线;箱内接线应采用绝缘导线,接头不得松动,不得有带电体明露;闸具、熔断器参数与设备容量应匹配,安装应符合要求;不得用其他导线替代熔丝;箱内应设有线路图	良好
7	配电线路	电缆架设或埋设符合规定要求;须使用五芯线电缆,电缆完好,无老化、破皮现象	良好
8	其他	照明灯具金属外壳须作保护接零,使用行灯和低压照明灯具,其电源电压不应超过36V;行灯和低压灯的变压器应装设在电箱内,符合房外电气安装要求;交流电焊机须装设专用防触电保护装置、电焊把线应双线到位、电缆线应绝缘无破损	良好
9	其他增加的验收项目		
10	验收结论: 经检查,临时用电符合安全要求 ××年×月×日		

验收人签名	总包单位	分包单位	作业队伍
	×××	×××	×××

监理单位意见:
经验收,临时用电各保护措施落实到位,符合安全要求.验收合格

监理工程师(签字):×××

××年×月×日

注:本表由施工单位填报,监理单位、施工单位各存一份。

要求:施工现场临时用电工程必须经相关单位验收合格后方可使用,验收时可根据施工进度分部位分回路进行,并填写本表。项目监理部对验收资料及实物进行检查并签署意见。

13.0.3 总、分包临电安全管理协议

总包单位：××建筑工程有限公司（以下简称甲方）

分包单位：××建筑工程安装有限公司（以下简称乙方）

工程名称：××小区×号楼

为了确保××小区×号楼工程施工现场临时用电安全，防止各类触电事故的发生，依据《中华人民共和国安全生产法》、《建设工程安全生产管理条例》、住房和城乡建设部《施工现场临时用电安全技术规范》（JGJ 46—2005）、《建筑施工安全检查标准》（JCJ 59—2011）的有关规定签订本协议。甲、乙双方应按照各自职责，对建设工程临时用电进行监督管理，严格遵守本协议书规定的权利、责任和义务，保障施工现场临时用电安全。

一、甲方的权利、责任和义务

1. 贯彻落实国家及××市施工现场临时用电的有关规定，负责对施工现场临时用电进行全面监督、管理，并对施工现场临时用电进行安全检查和指导。

2. 负责提供施工电源，并把施工电源送到（经双方共同验收）符合安全标准的 B 级配电箱，并对乙方的使用情况进行监督检查。

3. 审阅乙方临时用电申请，并把乙方临时用电安全技术措施和电气防火措施进行备案。

4. 对乙方特种作业人员的花名册、操作证复印件及培训记录进行存档备案；未经安全生产教育培训和无证人员，不得上岗作业。

5. 向乙方提供电源时，应与乙方办理交接验收手续。

6. 现场发生触电事故时，经主管部门鉴定属于甲方临时用电线路和设施问题或管理不善造成的事故，由甲方负全责。

7. 按照有关临时用电标准对乙方的临时用电设备、设施进行监督和检查；发现乙方在临时用电中存在隐患必须现成乙方予以整改，并监督整改落实情况。

二、乙方的权利、责任和义务

1. 严格执行国家及××市施工现场临时用电的有关技术规范和安全操作规程，对施工区域内自行管辖的临时用电负全面管理责任。

2. 保证 B 级配电箱以下管辖区域内各种用电设备、设施完好，临时用电设施和器材必须使用正规厂家的合格产品，严禁使用假冒伪劣等不合格产品；加强维护保养工作，严禁各种机电设备带病运行，保证临时用电符合有关安全用电标准。

3. 向甲方提供书面的临时用电申请；设备设施需要增容时，必须重新办理用电申请手续。

4. 在使用甲方提供临时电源时，对不符合临时用电标准的电源，向甲方提出整改意见；有权拒绝在不符合临时用电标准的电源上拉接电源；对甲方在安全检查中提出的关于临时用电方面存在的问题或隐患，必须按要求认真落实整改。

5. 现场发生触电事故时，经主管部门鉴定属于乙方因违反上述协议和违章指挥、违章操作，对提供的电源线路设施未经甲方同意擅自拆、改、接，不服从甲方管理造成事故的，由乙方负全责。

6. 执行临时用电安全技术交底制度，对施工区域内自行管辖的操作人员进行临时用

186

电安全技术交底，避免违章指挥、违章操作和误码操作，确保安全用电。

7. 对特种作业人员进行上岗前的职业技能、安全生产等方面的培训未经安全生产教育培训及培训不合格和无证人员，不得上岗作业；特种作业人员必须依照有关规定持证上岗；向甲方提供特种作业人员花名册、操作证复印件和培训记录。

三、争议

当甲、乙双方发生争议时，可以通过甲、乙双方上级主管部门协商解决，若意见不一致时，按××市政府有关部门认定结果执行。

四、双方有关未尽事宜补充条款

补充条款如下：_____

_____

_____

本协议书一式两份，甲、乙各保存一份，双方签字盖章后生效。

本协议书自签字之日生效至工程完工终止。

总包单位：（盖章）　　　　　　　　　分包单位：（盖章）

负责人签字：×××　　　　　　　　　负责人签字：×××

××年×月×日　　　　　　　　　　　××年×月×日

13.0.4 《施工用电线路系统验收表》填写范例

施工用电线路系统验收表　　　　　No. ×××

工程名称	××小区×号楼工程		施工单位	××建筑工程有限公司
敷设形式	直埋电缆		验收日期	××年×月×日
项目经理	×××	参加验收人员		×××、×××、×××、×××

序号	验收项目	施工方案要求	验收情况
1	现场照明线路	生活区宿舍照明应采用安全电压,照明线路分设,并穿管固定	生活区采用×台×V行灯变压器供电,并穿管固定,现场照明线路分设,照明采用高光效×灯×盏,架高×m。符合要求
2	接地与接零保护	重复接地为三角形设置三组,其阻值不大于10Ω。必须设保护接零	重复接地设置×组,第一组×Ω,第二组×Ω,第三组×Ω。保护零线均采用黄绿色双色双股铜线,截面为×mm²,符合要求
3	配电线路敷设	干线埋设应采用五芯电缆,埋深0.2~0.7m砖砌电缆沟,电缆上下铺0.1m厚细砂,盖砖保护	电缆型号××××,埋设深度为×m,沟槽底面与侧面砌砖,槽内宽×m,底部铺×cm厚细砂,电缆上部铺×cm厚细砂,盖整砖后用干土平整,符合要求
4	其他		

验收结果	合格 安装负责人:×××　　项目负责人:×××　　电气负责人:××× ××年×月×日　　××年×月×日　　××年×月×日

注: 1 凡施工现场敷设的施工用电电气线路系统的验收均可参考使用本表。
　2 验收的依据为临时用电施工组织设计及电工技术规范。
　3 表中验收项目系指电气线路的具体位置和名称。
　4 表中验收情况栏内填写内容应与前项施工方案要求内容相对应,用文字和数据表述。
　5 本表为验收结论性表格,应与部颁检查标准相应的表格配套使用,并按市建委相关文件的具体要求进行。

13.0.5 《电气设备安装验收表》填写范例

电气设备安装验收表

工程名称	××小区×号楼			施工单位	××建筑工程有限公司
验收负责人	×××	验收时间	××年×月×日	设备名称及编号	××××××
参加验收人员	×××,×××,×××,×××				

序号	电气设备安装标准要求	验收情况
1	采用标准系列电闸箱,铁皮厚度不小于1.5mm,有标识及分路图	该箱为标准分配电箱,铁皮厚×mm,有××厂标识和分路图
2	闸箱门与箱体应进行电器连接	门、锁齐全,与箱电器连接,防雨、防尘,符合要求
3	箱内电器元件完好,安装拆卸符合标准做保护接零	闸箱内电器元件合格,安装板为×mm厚铁板,并与箱体做保护接零
4	导线截面应符合设计要求,绝缘良好,接头紧固	导线均按设计配备,绝缘良好,绝缘阻值为×MΩ,导线截面为×mm²,工作零线为×mm²,保护零线为×mm²,导线无裸露,接头紧固。符合要求
5	漏电保护器匹配灵敏有效	箱内设有×台××型漏电保护器,动作电流为×mA,不动作电流×mA,动作时间×s,符合标准要求
6	箱体安装应距地高1.3~1.5m	配电箱底距地面高度为×m
7	其他	

符合规范标准的要求

安装电工:×××　　　　设备负责人:×××　　　　安全负责人:×××

　　　××年×月×日　　　　××年×月×日　　　　××年×月×日

注:1　本表使用方法同施工用电线路系统验收表。凡现场安装的电气设备,可参考使用本表。
　　2　电气设备安装要依据国家标准要求,分项目填写。
　　3　应有相关专业负责人参加电气设备安装验收,并认真按规范及量化标准填写内容。

189

13.0.6 《电气线路系统及设备检查记录》填写范例

电气线路系统及设备检查记录

No. ×××

工程名称	××小区×号楼工程	检查时间	××年×月×日	部位	现场 1# 变压器
施工单位	××建筑工程有限公司	检查负责人	×××		
参加检查人	×××,×××,×××,×××,×××,×××				

检 查 记 录

应填写如下内容:

1. 现场每周定期对现场安全达标、文明施工进行检查和记录情况。记录工程存在的隐患问题,下达隐患整改通知单,隐患整改反馈表,复查意见情况。

2. 安全保证资料的审查情况。

3. 上级主管部门的检查情况。

4. 其他

检查负责人:×××   ××年×月×日

13.0.7 《漏电保护器测试记录》填写范例

漏电保护器测试记录

No.×××

工程名称		××小区×号楼工程		施工单位		××建筑工程有限公司	
漏电保护器编号		×××	闸箱编号	××××		安装日期	××年×月×日
测试负责人		×××	参加测试人员			×××、×××、××	
型号		×××	相线级	三相三级	额定动作电流		×mA
序号	测试日期	运行测试方式		运行动作情况		试验人	
		按钮(周)	仪表(月)	漏电动作电流	漏电动作时间		
1	×月×日	×次正常	×型号	×mA	×s	×××	
2	×月×日	×次正常	×型号	×mA	×s	×××	
3	×月×日	×次正常	×型号	×mA	×s	×××	
备注							

注：1 凡施工现场使用的漏电保护器，必须定期进行测试并填写本表。
　　2 对不符合标准规范要求的漏电保护器，应及时调整或更换，并将有关情况填写在备注栏内。

13.0.8 《电工作业人员登记表》填写范例

电工作业人员登记表

No.×××

单位名称		××建筑工程有限公司			登记日期	××年×月×日	
序	姓名	工种	工龄	等级	发证单位	证件编号	备注
1	×××	电工	8年	特	×××	××××	
2	×××	电工	6年	特	×××	××××	
3	×××	电工	4年	特	×××	××××	
4	×××	电工	6年	特	×××	××××	
5	×××	电工	5年	特	×××	××××	

填表人：×××   日期：××年×月×日

13.0.9 《供电系统产品登记表》填写范例

供电系统产品登记表

No.×××

生产经销单位		××厂		产品类别 及型号	××××
经销负责人		×××			××××
四证名称(编号)		×××、×××、×××、×××			
序号	产品进货情况		使用部位	使用情况	负责人签字
	时间	数量			
1	×年×月×日	×个	施工现场	达到标准要求	×××

填表人：×××   日期：××年×月×日

13.0.10 《临时用电检查整改记录表》填写范例

临时用电检查整改记录表

单位名称： ××建筑工程有限公司   **工程名称：** ××小区×号楼工程

参加检查人员	×××、×××、×××、×××

存在的问题(隐患)：

    1. 钢筋加工机械电闸箱箱门损坏,无防雨措施。

    2. 木工加工机械电闸箱箱体安装高度不符合要求

整改措施：

    1. 电闸箱箱门与箱体应进行电器连接,门和锁都应齐全与箱体电器连接,防雨、防尘措施必须有效。

    2. 箱体安装应距地面1.5m

落实人:×××

复查结论：

    上述问题已于××年×月×日按要求整改完毕复查合格

复查人:×××

记录人： ×××   **日期：** ××年×月×日

13.0.11 《电气设备调试检测记录》填写范例

电气设备调试检测记录

工程名称	××小区×号楼		施工单位		××建筑工程公司
验收负责人	×××	验收时间	××年×月×日	设备名称及编号	××××××
参加验收人员	×××、×××、×××、×××				

序号	电气设备安装标准要求	验收情况
1	采用标准系列电闸箱,铁皮厚度≥1.5mm,有标识及分路图	该箱为标准分配电箱,铁皮厚×mm,有××标识和分路图
2	闸箱门与箱体应进行电器连接	门、锁齐全,与箱电器连接,防雨、防尘,符合要求
3	箱内电器元件完好,安装拆符合标准,应做保护接零	闸箱内电器元件合格,安装板为×mm厚铁板,并与箱体做保护接零
4	导线截面应符合设计,绝缘良好,接头紧固	导线均按设计配备,绝缘良好,绝缘阻值为×MΩ,导线截面为×mm^2,工作零线为×mm^2,保护零线为×mm^2,导线无裸露,接头紧固。符合要求
5	漏电保护器匹配灵敏有效	箱内设有×台××型漏电保护器,动作电流为×mA,不动作电流×mA,动作时间×s,符合标准要求
6	箱体安装应距地高1.3~1.5m	配电箱底距地面高度为×m
7	其他	

符合国家有关验收规范的要求

安装电工:×××　　　　　设备负责人:×××　　　　　安全负责人:×××
××年×月×日　　　　　××年×月×日　　　　　　××年×月×日

注:1　施工现场安装的电气设备均应检查验收并填写本表。
　　2　电气设备安装要参照国家标准要求分项填写。
　　3　应有相关专业负责人参加电气设备安装验收,并认真按规范及量化标准填写内容。

13.0.12 《临时用电安全检查记录表》填写范例

临时用电安全检查记录表

检查类型：专项检查

单位名称	××建筑工程有限公司	工程名称	××小区×号楼工程	××年×月×日
检查单位	××建筑工程有限公司××小区×号楼工程项目部			
检查项目或部位	施工现场临时用电			
检查人员	×××(项目经理)、×××(安全员)、×××(施工员)、×××(技术员)、×××(电工)			

检查记录及结论：
1. 地下室照明未使用安全电压。
2. 对焊机未使用专用开关箱

记录人：×××

整改措施：
1. 认真组织学习《施工现场临时用电安全技术规范》(JGJ 46—2005)与项目安保计划。
2. 安排电工将地下室照明于3日内全部改成36V照明。
3. 安排采购员购买100A漏电开关,为对焊机设置专用开关箱

制订人：×××　　　　　负责人：×××

复查意见：
经复查,×月×日地下室已使用36V安全电压照明,×月×日对焊机已使用专用开关箱

负责人：×××

注：每月必须组织检查一次。

13.0.13 《安全用电设施交接验收记录表》填写范例

安全用电设施交接验收记录表

工程名称	×××小区×号楼工程	总包单位	××建筑工程有限公司
设施移交单位	××建筑工程有限公司	设施接受单位	××建筑安装有限公司
移交部位或设施	临时用电设施		

移交单位意见： 　×××小区×号楼工程楼现场用电设施和职工宿舍用电均按施工现场临时用电施工组织设计及楼层用电方案进行布置,符合《施工现场临时用电安全技术规范》(JGJ 46—2005)用电规范及《建筑施工安全检查标准》(JGJ 59—2011)安全检查标准要求,验收合格,现移交给施工方,请验收	接受单位意见： 　现场临时用电设施和职工宿舍用电符合规定要求,同意接收

移交单位安全员	×××、×××、×××、×××	接受单位安全员	×××、×××、×××
移交单位负责人	×××、×××	接受单位负责人	×××、×××
移交日期	××年×月×日	接受日期	××年×月×日

总包单位意见： 　同意移交,并需做好如下几点： 　1. 各单位安装、维修、拆除各自区域内的临时用电工程均应按已上报的专业电工完成,持双证(有效证件)上岗。 　2. 各单位在各自区域配电时应符合《施工现场临时用电安全技术规范》(JGJ 46—2005)用电规范及《建筑施工安全检查标准》(JGJ 59—2011)安全检查标准要求。 　3. 各单位应对各自区域内的用电设施做好日常检查和检修工作,严禁带病运转,并对我方用电设施进行妥善维护   　　　　　　　　　　　　　　　　　　　　　负责人：×××　　　　　日期：××年×月×日

注：1 凡施工中甲单位的安全防护设施或设备,由乙单位在施工中使用时,或由乙单位委托甲单位搭设的安全防护设施及提供的设备时,必须填写交接验收记录。

　　2 移交单位的安全防护设施或设备、防护标准必须符合规定要求,接收单位在验收合格接受后,施工中必须保持安全设施或设备的完好。

13.0.14 《电气线路绝缘强度测试记录》填写范例

电气线路绝缘强度测试记录							编号		×××
工程名称	××小区×号楼			施工单位		××建筑工程有限公司			
计量单位	MΩ(兆欧)			测试日期		××年×月×日			
仪表型号	2C—7	电压	1000V	天气情况	晴	气温		23℃	
测试项目	相间			相对零			相对地		零对地
测试内容	A—B	B—C	C—A	A—N	B—N	C—N	A—E	B—E	C—E	N—E
三层 3AL₃₋₁									
支路 1	750			700			700			700
支路 2		600			650			700		700
支路 3		700			700				750	700
支路 4	700			700			700			700
支路 5		750			600			650		700
支路 6		700			700				750	750

测试结论：经测试××小区×号楼工程三层 3AL₃₋₁ 电气线路绝缘强度符合设计要求和《建筑电气工程质量验收规程》(GB 50303—2015)的规定

参加人员签字	监理负责人	电气负责人	安全员	测试电工(二人)
	×××	×××	×××	×××

监理单位意见：
符合测试程序,同意使用(√)
不符合测试程序,重新组织验收( )
监理工程师(签字)：
××年×月×日

注：1 本表由施工单位填写,建设单位、施工单位各存一份。
2 本表适用单相、单相三线、三相四线制、三相五线制的照明、动力线路及电缆线路、电机、设备电器等绝缘电阻的测试。
3 表中 A 代表第一相、B 代表第二相、C 代表第三相、N 代表零线（中性线）、E 代表接地线。
要求：主要包括临时用电动力、照明线路及其他必须进行的绝缘电阻测试,工程项目应将测量结果按系统回路填入本表后报项目监理部审核,项目监理部应对测量的程序进行审核,如发现测量数据异常的,应立即督促施工单位采取必要的措施。

13.0.15 《临时用电接地电阻测试记录表》填写范例

<table>
<tr><td colspan="3" rowspan="2">临时用电接地电阻测试记录表</td><td colspan="2">编号</td><td colspan="2">×××</td></tr>
<tr><td>工程名称</td><td colspan="2">××小区×号楼</td><td>施工单位</td><td colspan="3">××建筑工程有限公司</td></tr>
<tr><td>仪表型号</td><td colspan="2">2C—8/500V</td><td>测试日期</td><td colspan="3">××年×月×日</td></tr>
<tr><td>计量单位</td><td colspan="2">Ω</td><td>天气情况</td><td>晴</td><td>气温</td><td>25℃</td></tr>
<tr><td>接地类型
测试内容</td><td>防雷接地</td><td>保护接地</td><td>重复接地</td><td>接地</td><td colspan="2">接地</td></tr>
<tr><td>起重机</td><td>1.8Ω</td><td></td><td></td><td></td><td colspan="2"></td></tr>
<tr><td>配电箱保护零线</td><td></td><td></td><td>1.2Ω</td><td></td><td colspan="2"></td></tr>
<tr><td>配电室</td><td></td><td></td><td></td><td></td><td colspan="2">1.1Ω</td></tr>
<tr><td></td><td></td><td></td><td></td><td></td><td colspan="2"></td></tr>
<tr><td></td><td></td><td></td><td></td><td></td><td colspan="2"></td></tr>
<tr><td></td><td></td><td></td><td></td><td></td><td colspan="2"></td></tr>
<tr><td>设计要求</td><td>≤10Ω</td><td>≤4Ω</td><td>≤10Ω</td><td>≤4Ω</td><td colspan="2">≤4Ω</td></tr>
<tr><td>测试结论</td><td colspan="6">符合设计要求和《建筑电气工程质量验收规范》(GB 50303—2015)的规定</td></tr>
<tr><td rowspan="2">参加人员签字</td><td>监理负责人</td><td>电气负责人</td><td>安全员</td><td colspan="3">测试电工(二人)</td></tr>
<tr><td>×××</td><td>×××</td><td>×××</td><td colspan="3">×××　×××</td></tr>
<tr><td colspan="7">监理单位意见:

　符合测试程序,同意使用(√)
　不符合测试程序,重新组织验收(　)
　监理工程师(签字):

　　　　　　　　　　　　　　　　　　　　　　　　××年×月×日</td></tr>
</table>

注:本表由施工单位填写,监理单位、施工单位各存一份。

要求:主要包括临时用电系统、设备的重复接地、防雷接地、保护接地以及设计有要求的接地电阻测,工程项目部门应将测量结果填入本表后报项目监理部审核,项目监理部应对测量的程序进行审核,如发现测量数据异常的,应立即督促施工单位采取必要的措施。

13.0.16 《电工巡检维修记录》填写范例

电工巡检维修记录

工程名称： ×× 小区 × 号楼工程

施工单位： ×× 建筑工程有限公司

×× 市建设委员会制定

电工巡检维修记录

电工姓名	×××		值班时间	××时×分至×时×分
供电方式			额定容量	
序号	巡视检查项目	巡视检查内容	隐患	维修结果
1	高压线防护	按方案进行防护并做到严密,安全可靠		
2	接地或接零保护系统	工作接地、重复接地牢固可靠系统保护零线重复接地不少于 3 处。工作接地电阻不大于 4Ω,定期检测重复接地电阻,阻值不大于 10Ω。保护零线正确,采用绿/黄双色线其截面与工作零线截面相同或不小于相线的 1/2,严禁将绿/黄双色线用作负荷线	正常	
3	配电箱开关箱	总配电箱中应在电源隔离开关(可视明显断开点)的负荷侧装置漏电保护器,并灵敏可靠。分配电箱设置正确并与开关箱距离不大于30m。固定开关箱(一机一闸一漏一箱)漏电保护装置在设备负荷侧,灵敏可靠,并距离设备不大于3m。固定配电箱、开关箱装位置正确,高度在 1.4～1.6m。移动配电箱、开关箱安装高度在 0.8～0.6m。电箱底进出线,不混乱,并应加绝缘护套采用固定线夹成束卡固在箱体花栏架上。箱内无杂物,有门、锁、编号、防触电标志及防雨措施。闸具、保护零线端子、工作零线端子齐全完好。箱门与箱体之间必须采用编制软铜线电气连接。电器用途明确标识。箱内不应有带电明露点。箱内应有本箱体的配电系统图	移动配电箱箱底线路磨损,混乱	重新更换新电线,线路排列有序
4	现场、生活区照明	现场照明回路有漏电保护器,动作灵敏可靠灯具金属外壳应做保护接零。室内 220V 灯具安装高度大于 2.5m,低于 2.5m 使用安全电压供电。手持照明灯具必须使用电压36V(含)以下照明,电源线必须采用橡套电缆线,不得使用塑绞线,手柄及外防护罩完好无损。低压安全变压器应放置在专用配电箱内。碘钨灯照明必须采用密闭式防雨灯具,金属灯具和金属支架做好保护接零,架杆手持部位应采取绝缘措施,电源线必须采用橡套电缆线,电源侧应装设漏电保护器	正常	
5	配电线路	配电线路无老化、破损、断裂现象,与交通线路交叉的电源线应符合有关安装架设标准有线路过路保护。架空线路架符合有关规定,严禁架在树木、脚手架上	正常	
6	变配电装置	露天变压器设置符合规定要求,配电元器件间距符合规范要求,并有可靠安全的防护措施,及正确悬挂警告标志,门应朝外开,有锁。变配电室内不得堆入杂物,并设有消防器材。发电机组及其配电室内严禁存放贮油桶,发电机设有短路、过负荷保护。配电室必须有相应的配电制度、配电平面图、配电系统图、防火管理制度、值班制度、责任人;具有良好的照明及应急照明;具有防止小动物的措施;具有良好的绝缘操作措施;良好通风条件。易发热元件是否在正常工作范围内	正常	
7	其他	除以上内容发现的其他隐患	正常	

要求:施工现场电工应按有关要求进行巡检维修,并由值班电工每日填写本表,每月送交项目安全管理部门存档。

Chapter ▶ 14

安全防护资料表格范例

14.0.1 《安全网支挂验收表》填写范例

安全网支挂验收表

No. ××××

工程名称	××小区×号楼工程		施工单位		××建筑工程有限公司	
架体高度	×m	支持部位	外檐防护	支挂形式	全封闭	验收日期	××年×月×日
项目经理	×××			参加验收人员		×××、×××、×××

验收情况

  1. 脚手架四周用绿色密目安全网(2000目/10cm×10cm)全封闭,网支挂在外排脚手架内侧,并与架体绑扎牢固,符合要求。

  2. 脚手架内侧与建筑物间距×cm,下设兜网,兜网内缘与建筑物固定牢固,无空隙,符合要求。

  3. 架体施工层以下每隔×m设一道层间网,共×道,绑扎牢靠。

  4. 安全网有合格证和检验报告×份

验收结果	经检查,安全网支挂符合《建筑施工安全检查标准》(JGJ 59—2011)的要求
	搭设负责人:××× 项目负责人:××× 安全负责人:×××
	××年×月×日 ××年×月×日 ××年×月×日

注：1 凡施工现场各洞口、各临边、各类脚手架、物料提升机（龙门架）隔离设施或垂直防护等，使用安全网做防护的均应验收。

    2 表中支挂部位系指安全网设置的具体位置，支挂形式指安全网挂设的方法。验收情况栏内写安全网支挂项目名称及部位、安全网的规格、支撑的水平、垂直度、绑扎的牢固度、网片之间的孔洞密封度等。

14.0.2 《"四口"及临边防护验收表》填写范例

"四口"及临边防护验收表

No. ×××

工程名称	××工程				施工单位	××建筑工程有限公司	
结构类型	框架剪力墙	栋号层数	×层	验收层数	×层	验收日期	×月×日
序号	验收项目	防护标准要求				验收情况	
1	洞口	2.5～50cm 采取封堵或用 2.5～5cm 木板封严并牢固;50～150cm 预留通长钢筋距离不大于 20cm,并用脚手板封严牢固;150cm 以上洞口四周有防护栏杆高度不低于 1.2m。立挂密目网封严,洞口下设水平安全网;凡高度超过 80cm 的立洞口须用密目网封严;大孔径桩口、降水井口应固定盖板封严				符合要求	
2	电梯井、竖向管道井、管道间	电梯井必须装工具式可向上开启的金属门,高度不低于 1.5m,井道内按标准设水平安全网(安全网垂直距离不大于 10m),竖向管道井必须安装防护门或栏杆高度不低于 1.5m,井内按标准设水平网,竖向管道间有预留钢筋网片,应加固定盖板或防护门				电梯井、竖向管道井、管道间安全防护到位	
3	楼梯口	设两道栏杆,高度不低于 1.2m				符合要求	
4	通道防护棚	多层结构防护棚距结构或外脚手架外皮长度不小于 3m,高层结构不小于 6m,高度不低于 3m,宽于通道两侧各 50cm,两侧加栏杆,用密目网封严,顶部用不小于 5cm 厚脚手板盖严绑牢,50m 以上高层结构为双层板,间隔 30m				符合要求	
验收结果	经检查,符合《建筑施工安全检查标准》(JGJ 59—2011)的要求,验收合格 搭设负责人:×××　　　项目负责人:×××　　　安全负责人:××× 　　××年×月×日　　　　　××年×月×日　　　　　××年×月×日						

注：1　凡楼梯口、电梯井口、预留洞口、坑井口、通道口防护;阳台、楼板、屋面、进料台、休息平台等临边防护的验收,均可参考使用本表。
　　2　本表为验收结论性表格,应与部分检查标准相应的表配套使用,并按相关文件的具体要求进行。
　　3　表中验收情况栏内填写时应与前项施工方案要求内容相对应,用文字和数据表述。

14.0.3　《"三宝"、"四口"安全检查记录》填写范例

"三宝"、"四口"安全检查记录

No.×××

工程名称	××小区×号楼工程	检查时间	××年×月×日	部位	主体
施工单位	××建筑工程有限公司	检查负责人	×××		
参加检查人	×××,×××,×××,×××,×××,×××				

检　查　记　录

应填写如下内容:

1. 现场每周定期对现场安全达标、文明施工进行检查并记录情况。记录工程中存在的隐患问题,下达隐患整改通知单,隐患整改反馈表,复查意见情况。

2. 安全保证资料的审查情况。

3. 上级主管部门的检查情况。

4. 其他

检查负责人:×××　　　　　　　　　　××年×月×日

14.0.4 《"三宝"产品登记表》填写范例

"三宝"产品登记表

No. ×××

生产经销单位		××建筑设备制造厂		产品类别及型号	安全帽
					×××
经销负责人		×××			
四证名称(编号)		×××、×××、×××、×××			
序号	产品进货情况		使用部位	使用情况	负责人签字
	时间	数量			
1	××年×月×日	×个	主体	达到标准要求	×××

14.0.5 《安全防护用具检查维修保养记录表》填写范例

安全防护用具检查维修保养记录表

工程名称：××小区×号楼工程

施工单位：××建筑工程有限公司

日期	品名	型号规格	数量	生产厂家	生产许可证号	合格证号	检查、维护、保养情况
××年×月×日	安全帽	XM-D2	50个	××有限公司	××-××	××-××	良好
××年×月×日	安全网	××	10张	××有限公司	××-××	××-××	良好
××年×月×日	安全带	××	25条	××有限公司	××-××	××-××	良好
××年×月×日	护目眼镜	××	4个	××有限公司	××-××	××-××	良好
××年×月×日	防护服	××	50套	××有限公司	××-××	××-××	良好

材料员：×××   专职安全员：×××   填表人：×××

14.0.6 《安全防护设施验收记录》填写范例

安全防护设施验收记录

工程名称		××小区×号楼工程	验收日期	××年×月×日
序号	验收内容		验 收 要 求	验 收 结 果
1	三宝	安全帽 安全带 安全网	有合格证,按规做试验。 有合格证,按规做试验。 有建设安全监督管理部门颁发的准用证,规格、质量符合要求,按规定做试验	有合格证,按规定做试验。 有合格证,按规定做试验。 有建设安全监督管理部门颁发的准用证,规格、质量符合要求,按规定做试验
2	楼梯口	防护栏杆 挡脚板	0.6m、1.2m 各设一道,定型化、工具化 18cm 高,3cm 厚连续设置	防护栏杆挡脚板 0.6m、1.2m 各设一道,定型化、工具化 18cm 高,3cm 厚连续设置
3	电梯井口	井内防护 井口防护	平网防护,两层设一道,不大于 10m。 设钢制防护门,定型化、工具化,防护严密	平网防护,两层设一道,不大于 10m。 设钢制防护门,定型化、工具化,防护严密
4	预留洞口	洞口防护	按规范要求设置,防护严密,定型化工具化	洞口防护按规范要求设置,防护严密,定型化工具化
5	通道口	长度 宽度 防护棚 防护栏杆 防护网	长 5.0m,宽 1.5m, 5cm 厚木板,2.5m 高,设双层, 0.6m、1.2m 各设一道, 外侧用 2000 目立网封闭	通道口长 5.0m,宽 1.5m, 外侧用 2000 目立网封闭
6	各处临边	阳台 楼板 楼梯 基坑 屋面	0.6m、1.2m 各设一道防护栏杆,设置 18cm 高挡脚板,用安全立网封闭	各处临边 0.6m、1.2m 各设一道防护栏杆,设置 18cm 高挡脚板,用安全立网封闭
验收签字		搭设负责人:×××　　　　使用负责人:××× 安全负责人:×××　　　　项目负责人:×××		
验收结论		验收合格 技术负责人:××× 　　　　　　　　　　　　　　　　　　　　××年×月×日		

14.0.7 《脚手架、安全网验收单》填写范例及说明

脚手架、安全网验收单

施工单位：××建筑工程有限公司

工地名称：××小区×号楼工程

架子名称		架子类别		材质	√
方案	√	审批	√	荷载	
验收部位		基础	√	立杆横距	
立杆纵距		横杆步距		排木间距	
脚手板	√	挡脚板	√	护身栏	0.6m、1.2m
剪刀撑(戗)		拉接	√	卸荷	
绑扎		挑梁		吊索	每组三节 吊杆ϕ14
保险绳	(填写具体规格)	别杠	√	虎头钩	√
螺栓(母)	√	天(地)轮	√	卸料平台	√
吊盘及进料口	√	限位装置	√	制动停靠装置	√
传动系统	√	缆风绳	√	地锚	√
卡具	√	马道宽度	1.8m	马道坡度	1∶6
防滑条	30cm	安全网	√	网底有效高度	(填实测数据)
网内外差	50cm	其他			
验收意见	脚手架、安全网验收合格，同意使用				
验收人员	审批人	项目经理	技术负责人	安全员	架子工长	使用人
	×××	×××	×××	×××	×××	×××

××年×月×日

【填写说明】

（1）本验收单适用于各种脚手架，按不同脚手架只填写相关的项目。

（2）"材质"填写杉槁、钢管及铸造扣件是否合格，合格"√"，不合格"×"。

（3）"方案"、"审批"内容手续齐全有效，合格"√"，不合格"×"。

（4）"荷载"填写设计承载能力，单位：N。

（5）"基础"填实际验收基础夯实、排水、垫通板、纵横向扫地杆是否符合标准，合格"√"，不合格"×"。验收井架、龙门架填写基础混凝土垫板厚度，单位：cm。

（6）"立杆横距"、"立杆纵距"、"横杆步距"、"排木间距"、"马道宽度"，按实测数据填写。

（7）"脚手板"填写作业面是否满铺，合格"√"，不合格"×"。

（8）"挡脚板"填写作业面是否满铺，合格"√"，不合格"×"。

（9）"护身栏"填写实测高度，若为两道护身栏则应填写两个数据，单位：m。

（10）"剪刀撑"填写实测高度，若为两道护身栏则应填写两个数据，单位：m。

（11）"拉接"填写实际水平和垂直距离是否符合要求，合格"√"，不合格"×"。

（12）"卸荷"填写脚手架卸荷方式，如：采用"撑"、"挑"、"吊"、"双杆"等。

（13）"挑梁"填写验收吊篮脚手架的挑梁末端稳固状态，及预埋环隐检单等。

（14）"吊索"填写验收吊篮脚手架的吊索类型及规格，如：每组三节吊杆 $\phi14$。

（15）"保险绳"填写验吊篮保险钢丝绳的规格。

（16）"别杠"填写插口架子别杠实际验收情况，合格"√"，不合格"×"。

（17）"虎头钩"填写验收外挂架子虎头钩完好程度和数量是否合格，合格"√"，不合格"×"。

（18）"螺栓（母）"填写验收井架子的螺栓（母）是否合格，合格"√"，不合格"×"。

（19）"天（地）轮"填写验收井架、龙门架的天（地）轮是否符合标准，合格"√"，不合格"×"。

（20）"卸料平台"填写是否有门等防护门是否齐全，合格"√"，不合格"×"。

（21）"吊盘及进料口"填写实际验收的防护门是否齐全，合格"√"，不合格"×"。

（22）"限位装置"填写各种限位器是否齐全有效，合格"√"，不合格"×"。

（23）"制动停靠装置"填写实际验收吊盘的保险杠或保险钩，合格"√"，不合格"×"。

（24）"传动系统"填写实际验收传动系统的安全状态，合格"√"，不合格"×"。

注：传动系统包括：卷扬机与地锚的连接，卷筒防滑脱保险，钢丝绳。

（25）"缆风绳"填写实际验收状态，符合标准"√"，不符合标准"×"。

（26）"马道坡度"填写设计要求搭设的实际坡度比，如上人马道填 1：3 或上料马道 1：6。

（27）"防滑条"填写实测间距，单位：cm。

（28）"网底有效高度"填写安全网下的有效高度的实测数据，单位：m。

（29）"网内外差"填写支搭平网外高差的实测数据，单位：cm。

（30）"其他"填写本验收单例项以外的项目。

（31）"验收意见"简单填写验收中发现的问题和验收结论。

14.0.8 《"五临边"防护验收表》填写范例

"五临边"防护验收表

施工单位：××建筑工程有限公司

工程名称：××小区×号楼工程　　　　　　　　　　　　部位：施工现场

序号	验收项目	具 体 要 求	验收情况
1	基槽、坑沟	深度超过2m的槽、坑、沟应设置高度不低于1.2m的不少于2道防护栏杆，立挂密目网封闭	周边塔设1.2m的防护栏杆，外侧立挂密目安全网
2	结构周边、后浇带、伸缩缝	结构外侧无防护的必须设置高度不低于1.2m的两道临边防护栏杆，立挂密目网封严；后浇带、伸缩缝应用厚度不少于2.5cm盖板封严	符合要求
3	屋面周边	平屋顶周边防护高度不低于沿口1m，坡屋顶周边防护高度不低于檐口1.5m	防护栏杆高出屋面1.5m
4	平台周边	落地或悬挑平台周边必须设置高度不低于1.5m的防护栏杆，密目网封严并设置挡脚板	平台周边设1.5m防护栏杆，并立挂安全网、挂脚板高18cm连续设置
5	斜道楼梯侧边	斜道楼梯两侧必须按其坡度设置高度1.2m的两道栏杆，斜坡两侧设置挡脚板	防护栏杆高1.2m，挡脚板高18cm
验收意见	经检查"五临边"防护符合安全要求		
验收人员	主管工长	施工班组	安全员			
	×××	×××	×××			

××年×月×日